Rudolf Haug, Rudolf Haug

Über die Organisationsfahigkeit der Schalenhaut des Huhnereies

und ihre Verwendung

bei Transplantationen - eine experimentelle chirurgisch-histologische Studie

Rudolf Haug, Rudolf Haug

Über die Organisationsfahigkeit der Schalenhaut des Huhnereies und ihre Verwendung
bei Transplantationen - eine experimentelle chirurgisch-histologische Studie

ISBN/EAN: 9783743436794

Hergestellt in Europa, USA, Kanada, Australien, Japan

Cover: Foto ©berggeist007 / pixelio.de

Manufactured and distributed by brebook publishing software (www.brebook.com)

Rudolf Haug, Rudolf Haug

Über die Organisationsfahigkeit der Schalenhaut des Huhnereies

und ihre Verwendung

ÜBER DIE ORGANISATIONSFÄHIGKEIT

DER

SCHALENHAUT DES HÜHNEREIES

UND IHRE

VERWENDUNG BEI TRANSPLANTATIONEN.

EINE EXPERIMENTELLE CHIRURGISCH-HISTOLOGISCHE STUDIE.

VON

DR. R. HAUG,

ASSISTENTEN AN DER KGL. CHIRURG. UNIVERSITÄTS-POLIKLINIK.

MIT 1 TAFEL (9 ABBILDUNGEN).

M. RIEGER'sche
UNIVERSITÄTS- BUCHHANDLUNG.
GUSTAV HIMMER   K. B. HOFLIEFERANT.
MÜNCHEN 1889.

Kurzgefasste Anleitung
zur
mikroskopischen Untersuchung
thierischer Gewebe
für Anfänger in der histologischen Technik.

Von **Dr. R. Bonnet,**
Professor der Anatomie an der Universität Würzburg.
Mit 2 Holzschnitten. Preis ℳ 1.50.

Ueber einige Veränderungen
der
Plica semilunaris.
Von **Dr. O. Eversbusch,**
Professor der Augenheilkunde an der Universität Erlangen.
Mit 2 Farbendrucktafeln. Preis ℳ 3.—.

Experimentelle Studie
über
Traumatische Katarakt.
Von **Dr. C. Schlösser,**
Docent für Augenheilkunde an der Univ. München.
Mit 6 Tafeln u. 2 Holzsch. Preis ℳ 4.—

Studie
über das
Allgemeine traumatische Emphysem.
Von **Dr. F. Klaussner,**
Docent für Chirurgie an der Universität München.
Preis ℳ 3.—.

Anleitung
zu
chemisch-diagnostischen Untersuchungen
am Krankenbette.
Von **Dr. H. Tappeiner,**
Professor an der Universität München.
3. vermehrte Auflage mit 8 Holzschnitten. Kartonnirt. Preis ℳ 1.—.

HERRN

PROF. DR. ANGERER

in

wirklicher Verehrung

gewidmet.

Vorwort.

Die Anregung zu vorliegender Arbeit gab eine in den ersten Monaten des Jahres 1886 erschienene kleine Schrift Berthold's: „Das künstliche Trommelfell und die Verwendbarkeit der Schalenhaut des Hühnereies zur Myringoplastik."
Da Verfasser selbst ungefähr um diese Zeit einige glückliche Resultate von Transplantation der Cutis des Menschen auf Trommelfelllücken erreicht hatte, so war es ganz natürlich, das neu vorgeschlagene Verfahren ebenfalls anzuwenden.
Es geschah dies anfänglich ganz in der vom Entdecker vorgeschriebenen Weise und da sich die Erfolge in ähnlicher Weise zu gestalten schienen, so lag es nahe zu untersuchen, auf welche Bedingungen die supponirte Anheilung der Schalenhaut gegründet sei, insbesondere auch schon desshalb, weil der Autor den thatsächlichen Beweis hiefür nicht erbracht, sondern blos die Möglichkeit der Organisirung nach Analogie urgirt hatte.
Die Verfolgung dieses Zieles förderte nun Resultate zu Tage, nach denen es sich bei den ersten Transplantationen um keine Verwachsung, sondern höchstens um eine innige Verklebung handeln konnte. Dadurch warf sich nun naturgemäss die Frage auf, ob die Membran überhaupt die verlangte Organisationsfähigkeit besitze.
Um die Lösung dieses Problems, die nur auf dem Wege der selbstständigen, exactesten histologischen Forschung, verbunden mit einer vollendeten Beherrschung der microscopischen Technik gewonnen werden konnte, zu erlangen, musste das reelle Verhalten der Schalenhaut zum lebenden Organismus einer gewissenhaften experimentellen, durch die Methode der Implantation ermöglichten, Beobachtung unter-

zogen werden, welche denn auch ergab, dass die Membran ein ganz gut organisationsfähiger Körper ist. Sie wächst an, heilt ein, wird von dem neuen Mutterboden mit Gefässen versorgt, um schliesslich wieder von ihm resorbirt zu werden; aber dies alles geschieht blos unter ganz bestimmten Bedingungen, die eben bislang noch nicht erfüllt worden waren. Deshalb anfangs die negativen Erfolge. Sobald der Schalenhaut diese für ihre Organisirung unumgänglich nothwendigen Postulate eingeräumt werden, zeigt sie sich als ein Material, das den Anforderungen Genüge leistet, die man an einen transplantablen Körper stellen kann.

Der Erfolg wird jetzt ein durchaus positiver. Der Beweis hiefür ist an der Hand der histologischen Erörterungen zur Gewissheit erhärtet.

Es gliedert sich demnach das zu betrachtende Material in drei Versuchsreihen:
    I. Transplantation von Schalenhaut auf Trommelfelllücken beim Menschen. (a. negative, b. positive Resultate),
    II. Transplantation von Schalenhaut auf Wundflächen. (ebenfalls negative und positive Resultate),
    III. Implantation von Schalenhaut bei Thieren mit verschiedener Dauer der Versuchszeit. (Positive Erfolge).

Die ersten zwei Versuchsreihen sind als macroscopische zu betrachten, während die dritte lediglich der histologischen Erörterung gewidmet ist; in ihr wird der Modus der Inosculation vom Anfange an bis zur Erreichung des Höhepunktes der Organisirung, ausgedrückt durch den stricten Nachweis der neuen Blutbahn und bis zu seiner schliesslich beginnenden bindegewebigen Umwandlung dargethan. Das den jeweiligen Stadien entsprechende Verhalten ist durch 9 Zeichnungen illustrirt, die den vielen, je dem einzelnen Zeitpunkte coordinirten Serien von Präparaten entnommen sind.

Die Ausführung dieser Abbildungen verdanke ich der Meisterhand der Collegen DDr. Klaussner und v. Stubenrauch, denen ich gleich an dieser Stelle den innigsten Dank für ihre liebenswürdige Zuvorkommenheit ausdrücken möchte.

Es kann keinem Zweifel unterliegen und ist dies ja auch schon durch die Erfahrung erhärtet, dass der endgiltige Verschluss einer Trommelfelllücke als das Ideal der Perforations-Heilung anzusehen ist. Es wird eben dadurch die erkrankte Paukenhöhlen-Schleimhaut den äusseren Einflüssen, der Einwanderung von Entzündungserregern vollständig entzogen und so das immer wiederkehrende Recidiviren der Eiterung und die mit dieser verbundene permanente Gefahr des Uebergreifens auf die Meningen ausgeschaltet. Hiemit werden Verhältnisse geschaffen, die der Norm nahekommen, die nicht blos das Hörvermögen des Patienten in den meisten Fällen äusserst günstig beeinflussen, sondern auch geradezu von einschneidender Bedeutung für die Gesundheit des Gesammtorganismus sind. Ist es ja doch durch viele Beispiele leicht zu konstatiren, dass Personen, die mit Ohreiterungen behaftet sind eine relativ geringe Lebensdauer besitzen.

Nicht organisches Material, wie es bei den früheren verschiedenen künstlichen Trommelfellen[1]) verwendet worden war und das sich dem Körper gegenüber doch immer fremd verhält, sondern organisches, auch zugleich organisationsfähiges, welches im Stande ist, sich an die Lebensbedingungen des Organismus auf's engste anzuschliessen, dass die Wahrscheinlichkeit bietet, in ihm aufzugehen und von ihm ernährt, schliesslich ein unlösbares, natürliches Ganzes zu bilden, konnte diese Voraussetzungen erfüllen.

Es ist das unbeschränkte Verdienst Berthold's, diesen Gedanken zuerst erfasst und ihm reelle Form gegeben zu haben, indem er die Reverdin'sche Transplantation auf das erkrankte Ohr anwandte.

---

1) Haug, das künstliche Trommelfell und die zu seinem Ersatze vorgeschlagenen Methoden. München 1889.

Die Bedingungen für das Gelingen des Versuches sind ja auch a priori durchaus keine ungünstigen. Das Trommelfell wird im Allgemeinen weniger in Bewegung gesetzt als alle anderen Membranen. Es hat also den ausserordentlichen Vorzug der Ruhe. Ferner ist seine Regenerationskraft zur Genüge bekannt; des weiteren ist die Temperatur im abgeschlossenen Gehörgange eine immer gleichmässige, der Körperwärme ziemlich nahestehende. Das sind lauter Momente, die bei der Anheilung eines transplantirten Körpers günstig in die Wagschale fallen.

Berthold[1]) hat nun seinem Verfahren, über das er sich des Näheren in der Naturforscher-Versammlung zu Cassel aussprach, den Namen „Myringoplastik" beigelegt.

Es besteht, wie schon oben angedeutet, in der Application eines mittelst gekrümmter Scheere der Haut des Vorderarmes entnommenen Hautstückchens, das auf die vorher durch Aufkleben von englischem Pflaster und nachheriges rasches Wiederentfernen desselben angefrischte Lücke sorgfältig gelegt wird und nun so, wenn kein unglückliches Ereigniss, als Wiedereintritt der Eiterung, Luftdruck etc. sich einstellt, schliesslich anheilt.

Nicht zu verwechseln mit dieser „Myringoplastik" ist ein Verfahren, das schon etwas vor Berthold von dem Amerikaner Edward T. Ely[2]) angewendet worden war; er tapezirte nämlich die ganze zugängliche Mittelohrschleimhaut mit kleinen Hautstreifen aus ohne spezielle Rücksicht auf das Trommelfell. Er praktizirte dies bei neun Fällen, allerdings mit nicht gerade sehr ermuthigendem Resultate.

Mit gutem Erfolge hatte in einem Falle das Berthold'sche Verfahren Tangemann,[3]) ebenfalls in Nordamerika, angewandt.

Mag man nun über die Resultate streiten, so bleibt es doch Thatsache, dass wir in der Myringoplastik ein Mittel besitzen, das dazu geschaffen erscheint einem grossen Theile der

---

1) Tageblatt der Naturforscher-Versammlung. Cassel 1878.
2) Zeitschrift für Ohren. X. S. 146.
3) Zeitschrift für Ohren. XIII. S. 175.

bisher für unheilbar gehaltenen Lücken in ihrem Bezug auf Prognose eine wesentlich günstigere Stellung zu erringen.

Wir müssen uns demnach wundern, dass die Methode von den deutschen Ohrenärzten im Allgemeinen ziemlich kühl aufgenommen wurde; man befasste sich wenig damit, ja wir finden sogar manche abfällige oder doch wenigstens zurückhaltende Urtheile.

Es mag dies wohl zum Theil seinen Grund haben darin, dass es wohl schwerlich jemals gelingen wird, sehr grosse Substanzverluste, Totaldefekte, durch dieses Verfahren zu heilen, da es zudem ausserordentlich schwierig ist, bei der Lage der Perforationsränder in verschiedenen Ebenen eine genaue Adaptirung des transplantirten Stückes zu Wege zu bringen. Es ist ja die Technik der Operation selbst sehr einfach, aber, ausserordentlich mühevoll und zeitraubend, stellt sie oft an die Geduld des behandelnden Arztes die weitgehendsten Anforderungen.

Dies mag nun manchen abgehalten haben, hauptsächlich aber der Umstand, dass man nie im Voraus eine auch nur einigermassen bestimmt günstige Prognose für die Sicherheit des Anheilens dem Patienten geben kann, weshalb auch eben oft von Letzterem die Vornahme der Excision des kleinen Hautstückchens rundweg abgeschlagen wird.

Obwohl nun durch das Obenangeführte dargethan ist, dass der ideale Weg, den organischen Verschluss der Lücke anzustreben als der einzig auf naturgemässen Grundsätzen basirende, durch diese Modifikation der Reverdin'schen Methode seine wirkliche Realisirung gefunden hat, so war es ja doch ganz natürlich, dass man nach einem Stoffe trachtete, der in seinen Organisations- und Applikationsbedingungen, in Bezug auf Traktabilität die menschliche Haut übertreffen könnte.

Es lag vor Allem nahe mit den Kröpern zu experimentiren, die im Gebiete der chirurgischen Praktik sich stellenweise als erfolgreich erwiesen hatten.

Da es weit über die Grenzen dieser Arbeit hinausgehen und auch meist schon Altbekanntes referirt werden würde, alle transplantatorischen Versuche aufzuzählen, möge es genügen, dass gerade zu vorliegendem Zwecke in Scheibenform gebrachte und aseptisch gemachte Theile von verschiedenen

Spongien, Conjunctiva des Auges, Membrana nictitans behufs Transplantation versucht wurden.

Mit all' diesen Objekten stellte derselbe Forscher, der die erste Myringoplastik in's Leben gerufen, die mannigfaltigsten Experimente an, aber nie gelang es ihm, ein irgendwie nennenswerthes Resultat zu erzielen, bis ihm der Zufall einen Stoff in die Hand spielte, den er bislang noch nicht benützt hatte und der ihm die Bedingungen mindestens im gleichen Grade wie die Haut zu erfüllen schien.

Es ist dies die Schalenhaut des Hühnereies, ein Gebilde, das auch in der Laienwelt nicht unbekannt, schon von Alters her zu gar manchen häuslich-therapeutischen Zwecken diente.

Aber auch zu streng wissenschaftlichen Untersuchungen wurde die Eihaut benützt. Ich brauche hier nur auf die Arbeiten Mialhé's,[1]) Brücke's,[2]) Meckels, Virchow's[3]) und v. Wittich's[4]) und Anderer hinzuweisen.

Sämmtliche genannte Forscher haben sie zu ihren Experimenten über die Diffusion durch Membranen benützt und insbesondere das chemische Verhalten derselben genau erörtert.

Sie wird durch die stärksten Säuren kaum alterirt, blos beim Kochen mit konzentrirten Säuren und Kalilauge tritt Zersetzung ein. In der Substanz der Schalenhaut lässt sich nach Kruckenberg[5]) ein Albuminkörper nachweisen, der durch Trypsin- und Pepsinlösungen nicht angegriffen wird und die Millon'sche Reaktion gibt. Ausserdem sollen die Fasern der Membran (deren histiolog. Verhalten bald erörtert werden wird) dem Mucin ziemlich nahe stehen, vielleicht aus einem unlöslich gewordenen Schleimstoff bestehen.

Mit Natronlauge gekocht gibt die Schalenhaut einen durch Rühren sich wieder lösenden schleimartigen Niederschlag. Ueberneutralisirt man nun mit Essigsäure, so kommt kein

---

1) Mialhé: État physioogique de l'Albumine dans l'oékonom Inst. Nro. 930. 1851.
2) Brücke: De diffusione humorum per septa mortua et viva.
3) Virchow's Archiv: Bd. VI. S. 572.
4) Archiv für Anat. und Physiolog. 1856. S. 287.
5) Kruckenberg: Vergleichende physiologische Untersuchungen. 1. und 2. Reihe. Heidelberg 1881 und 1882.

Niederschlag. Es bildet sich hiebei Natrium-Acetat; wird nun dieses durch Dialyse vor weiterem Säurezusatz entfernt, so entsteht jetzt bei Zufügen der Säure ein Niederschlag, der sich auch im Ueberschuss der Säure nicht mehr löst. Hieraus ist man berechtigt, auf einen mucinhaltigen Körper zu schliessen. Was die **histologische Struktur** der Schalenhaut anbelangt, so besteht sie, wie wir noch später im Verlauf der Experimente des Genaueren erörtern werden, aus zwei in ihrem Breitendurchmesser ungleichen **nicht** genau **differenzirbaren Schichten**, die sich ihrerseits aus einem überall sich durchkreuzenden ineinandergeflochtenen Fasergewirre zusammensetzen. Im Allgemeinen ist also der Bau ein ziemlich regelloser; jedoch lässt sich nachweisen, dass in relativ gleichmässigen Zwischenräumen nach der einen Seite der Membran hin, die gegen die Kalkschale gerichtet ist, sich die Fasern zu kompakteren, bandartigen Streifen gruppiren, die an diesen Stellen dann eine leichte Prominenz der Schalenhaut bewirken. Ich stelle mir diese Erscheinung als eine Art Fixation an der Aussenschale vor.

Wir wissen ja, dass die Kalkhülle in regelmässigen Intervallen von Poren durchsetzt wird, die sowohl von Aussen als nach Innen frei münden; nach Innen speziell finden wir sie jedesmal gelagert in der Mitte einer kleinen Erhabenheit, die eben gerade in diese dellige Vertiefung, welche als Thal der Prominenz folgt, passt.

Dass die Membran aus zwei Schichten besteht, können wir übrigens schon nach makroskopischer Betrachtung mit ziemlicher Sicherheit sehen: wir brauchen blos ein älteres, etwa schon länger bebrütetes Hühnerei zu diesem Zwecke zu untersuchen und wir finden, dass die beiden Blätter überall ganz fest miteinander verbunden sind, jedoch gegen das stumpfe Ende zu weichen sie auseinander. Durch diese Trennung entsteht ein manchmal ziemlich beträchtlicher Hohlraum, der mit, wohl durch die Poren eingedrungener Luft sich füllt: Die Luftkammer.

An ganz frischen Eiern finden wir diesen Raum nicht und lässt er sich wohl am besten erklären, durch die allmählich stattfindende Verminderung des Eierweissen. Wir können also schliessen, dass die Membran entweder a priori aus zwei Blättern besteht oder, dass durch den Luftdruck und die verschiedenen Affinitäten der Schalen- und Eiweissseite Verhältnisse geschaffen werden, die erst sekundär die Lamellenbildung im Gefolge haben.

Wir wissen ferner an der Hand der Membran-Diffusions-Versuche, dass es durchaus nicht gleichgültig ist, welche Seite z. B. gegen die Salzlösung und welche gegen das Wasser gesetzt wird; die Diffusionsströmungen werden hiedurch wesentlich dirigirt. Ja, wir können gerade bei der Schalenhaut mit Exaxtheit nachweisen, dass sich die Flüssigkeiten blos von der Schalen- nach der Eiweissseite zu filtriren lassen, nicht aber umgekehrt.

Ich habe dieses eigenartigen Verhaltens der Membran schon desshalb hier Erwähnung gethan, weil wir bei den Experimenten sehen werden, dass das Gelingen derselben durch seine jeweilige Lagerung bestimmt geradezu wird und dass diese Eigenschaft sehr viel zur Erklärung der Organisirung beiträgt.

Sehen wir nun ganz ab von diesen chemischen und physikalischen Qualitäten der Membran, so können wir uns theorethisch ganz gut die Brauchbarkeit derselben zur Transplantation imputiren, da sie einerseits trotz ihrer Entfernung aus dem lebenden Organismus, als Rest der Schleimhaut der Eileiter des Huhnes aufgefasst, ihre Eigenschaft als organisches und organisationsfähiges Material nicht verliert, andererseits gerade durch ihre Resistenz und ausserordentliche Schmiegsamkeit die Bedingungen der subtilsten Applikation leichter erfüllen hilft.

Als lebendes Gewebe, das aus eigener Initiative im Stande wäre, zur Proliferation von Zellen beizutragen, können wir die Schalenhaut auf keinen Fall betrachten.

Aber es ist ja eine durch Versuche erhärtete Thatsache, dass die Neubildung von Geweben und Gefässen auch stattfinden kann durch Einwanderung von Wanderzellen in das todte, aber noch organisationsfähig gebliebene Material, und es ist ohne Vorurtheil kein Grund vorhanden, anzunehmen, dass dies bei der Membran nicht auch vor sich gehen könnte.

Wir brauchen blos, um Analogieen zu dieser Hypothese aufzustellen, aus der massenhaften Literatur der Transplantationen, einige der Versuche zu erwähnen. Ich rekurrire hier blos auf die Versuche von Zahn,¹) Leopold und Fischer.

Zahn benützte nicht wie die früheren Experimentatoren körperliche Elemente von gebornen Thieren, sondern embryonales Gewebe. Insbesondere erstreckten sich seine Versuche auf den embryonalen Knorpel, dem er als Inphantationsort die vordere Augenkammer, Submaxillardrüse, Nieren, Blutgefässe anwies. Es glückte ihm in einer grossen Anzahl der Fälle nicht allein organisirte Adhäsionen, vielmehr auch sogar wirkliches Wachsthum in den implantirten Massen nachzuweisen. So soll es Zahn unter Anderem gelungen sein, einen ganzen fötalen Oberschenkel zur Neuorganisation zu bringen, ja in so exzessiver Weise, dass sich an der Diaphyse Exostosen, an den Epiphysen Enchondrome bildeten.

Ausserordentlich vielseitig sind die Versuche, die Fischer²) seinerzeit in Strassburg anstellte; er experimentirte mit pflanzlichen und thierischen (lebendem und todtem) Material.

So benützte er Stückchen von Kork oder Hollundermark, geschrotene Erbsen, Würfel von Gummielastikum, spanischem Rohr, weissem Bienenwachs, getrocknete Partikelchen von Leim, geronnenes Hühnereiweiss aus gesottenem Eiern, ja sogar blaue Injektionsmasse, wie sie bei Cadaverinjektionen benützt wird; ferner gehärtete Menschenleber, Catgut, Seide, Elfenbeinstifte, entkalte Knochendrains und noch manches Andere.

Durch diese Experimente gelangte er zu dem Resultate, dass sich im Organismus um implantirte todte Substanzen von grösserer oder geringerer Consistenz Reaktionserscheinungen von Seite derselben abspielen, die eine Einschliessung des Fremdkörpers durch eine riesenzellenhaltige Schicht, eine vollständige Abkapselung ohne jegliche Andeutung einer organischen Verwachsung zur Folge haben, so dass bei einem makroskopischen Durchschnitte schon der Körper aus seinem Rahmen herausfällt.

1) Sur le sort des tissus implantés dans l'organisme. Congr. med. internat. de Genève 1878.
2) Deutsche Zeitschrift f. Chirurg. XVII. S. 61 u. ff.

Es ergeben also die Versuche mit diesem Materiale ein negatives Resultat, obwohl manche Andere, die in ähnlicher Weise vorgingen, positive[1]) Daten anführen,

Dagegen gelang es Fischer mit organischem Material, Knorpel verschiedener Thiere und Geschwulsttheilen, positive Erfolge zu erzielen, zwar nicht in der Weise wie Zahn, aber er konnte doch oft wirkliche Verwachsung, häufig auch sogar Wachsthum in den transplantirten Partien nachweisen. Als Ort für die Inplantation wählte er den Kamm oder den Ohrenbart von Hühnervögeln.

Ebenfalls mit Knorpel stellte Leopold[2]) seine Versuche zur Unserstützung der Cohnheim'schen Geschwulst-Hypothese an und zwar mit ähnlichem Erfolge wie Zahn.

Ich habe diese Versuche desshalb, und zwar die positiven wie die negativen, hier voraus gesandt, damit wir im Klaren sind, auf welche Voraussetzungen sich das neue Berchthold'sche Verfahren gründet.

---

1) Hallwachs, bei Seidenfäden, Schwammstückchen mit Granulationszellen erfüllt; (Archiv f. klin. Chirurg. XXIV. H. 1 S. 122—157. Ziegler's bekannter Glasplattenversuch in der Peritonealhöhle.
Tillmanns (Virchow's Arch. 1879 Bd. 78 S. 460 und Chirurg. Centralbl. 1879 Nr. 46.) war in der Lage konstatiren zu können, dass eingeführte Stücke von todter Leber, Milz, Lunge, Niere von Wanderzellen durchdrungen werden, ja dass sich ganze Zellstrassen bilden und aus diesen wieder gefässhaltiges Bindegewebe. Er schrieb den farblosen Blutkörperchen den Hauptantheil an dem Wundheilungsprozesse zu, indem er sie als die narbenbildende Zelle bezeichnete. — Nicht ganz unerwähnt bei dieser Gelegenheit dürften die Versuche Marchand's (Virch Arch. Bd. 93. 1883. S. 527 u. ff.) bleiben. Derselbe brachte nämlich aseptisch gemachte Schwammstückchen zur Verwachsung, wobei er sehr starke Riesenzellenbildung wahrnehmen konnte.

2) Leopold, Virch. Arch. Bd. 85. 1881.

Das Berthold'sche Verfahren.

Es sei mir zunächst gestattet, den Operationsmodus dieser Art der Transplantation nach des Autors Vorschrift anzuführen:

Es wird eine im Winkel von ca. 135° gebogene, sehr dünne Glaspipette genommen, deren stumpfes Ende nach Art der Augentropfgläser mit einem Gummiröhrchen überzogen ist. Der Rand der Mündung der Pipette wird mit wenig Eiweiss befeuchtet und nun ein vorher annähernd zurecht geschnittenes Stückchen Schalenhaut mit seiner Aussenseite[1]) auf die Mündung des Glasrohres gelegt, wenn es nun gut anliegt, wird es noch vollständig für die jeweilige Grösse der Lücke adaptirt. Die Pippette wird bis in die Nähe des Trommelfelles geführt und nun durch Druck auf den Gummischlauch die Membran auf die Lücke hin geblasen, so dass sie mit der inneren, klebrigen (also mit der „Eiweissfläche") auf die Perforation zu liegen kommt.

Sitzt es gut, nun dann ist die ganze Operation vollendet; im anderen Falle muss instrumentell nachgeholfen werden, event. der ganze Versuch noch ein paar mal wiederholt werden. Eine vorhergehende Anfrischung findet also nicht statt.

Nach dieser Methode hat nun Berthold[1]) zwei Fälle mit relativem Erfolge behandelt, deren Krankengeschichte ich im Auszuge zum späteren Vergleiche mit meinen Fällen anführen möchte.

Fall 1.

K. G. 15 J. leidet an Otit. med. purul. chron. d. seit mehreren Jahren. Das rechte Trommelfell zeigt einen fast die

---

1. Ich bemerke absichtlich hier: Aussenseite (also die Schalenseite) auf die Mündung, so dass also die Eiweissseite auf die Lücke hinkommen muss. Wir werden später im Verlaufe der Experimente sehen, dass es gerade umgekehrt ausgeführt werden muss.

2) Das künstliche Trommelfell und die Verwendbarkeit der Schalenhaut des Hühnerei's zur Myringoplastik. 1886.

ganze vordere Hälfte einnehmenden grossen Defekt; der Rest des Trommelfells ist verdickt und grau. Die Schleimhaut schwammig verdickt; sehr übelriechende Otorrhoe.

12. X. 85 Ausfluss beseitigt und Schleimhaut in einem Zustande, der die Transplantation eines Hautstückchens ermöglicht. Dieser Versuch wird aber durch zunehmende Eiterung zu Nichte gemacht. — Erst am 24. X. kann wieder ein neuer Versuch gemacht werden und zwar diesmal mit der Schalenhaut; die Membran liegt gut an, sofort Gehörverbesserung.

25. X. Die Membran liegt unverändert.

26. X Die Mitte des Schalenhäutchens ist in die Lücke eingezogen.

29. X. stat. id.

9. XI. Oeffnung erscheint geschlossen; die Narbe hat ein dunkleres Aussehen als das übrige Trommelfell und ist wenig durchscheinend.

12. I. 86. Das Ohr wird ausgespritzt: nach dem Ausspritzen wird eine punktförmige Lücke sichtbar. Pat. hört gut.

Fall II.

Ein 28 jähr. Mann hat durch eine Ohrfeige am 26. XII. 85 eine Ruptur des linken Trommelfells erlitten. Ziemlich grosse Perforation in der Mitte der hinteren Trommelfellhälfte.

Nach vorausgeschickter trockener Reinigung Transplantation. Das Stück liegt gut an, aber zieht sich in der Mitte etwas ein. Am 10. I. 86 lag das Membranstück noch ganz unverändert an.

Die Operation war hier prophylaktisch gegen Otorrhoe unternommen worden, eine Massnahme, über deren Berechtigung man bei dem bekannten Verlauf der meisten traumatischen Rupturen zum mindesten streiten kann.

Versuche erste Reihe.
Transplantation von Schalenhaut auf Trommelfelllücken.

Anschliessend an diese Fälle möchte ich nun zuerst über einige meiner, an Menschen gewonnenen Resultate berichten. Vorauszusenden ist, dass ich bei dem Transplantationsmodus mich nicht enge an die Berthold'sche Instrumentation anschloss, sondern statt einer Pipette eine einfache gerade Glasröhre nahm, zuerst mit einem kleinen, am Ende geschlossenen Gummischlauch, den ich aber später wegliess.

Das Anblasen an die Lücke geschah entweder durch Druck auf das Gummiröhrchen oder direkt mit dem Munde nach vorheriger Verbindung des Glasrohres mit einem etwas langen Schlauche.

Ich ziehe letzteres Verfahren entschieden vor, da ich gefunden habe, dass in den allerseltensten Fällen die Membran wegen der Neigung des Trommelfells in verschiedenen Ebenen sofort gut anliegt, also meistens noch instrumentelle Nachhilfe nothwendig ist.

Der Schalenhaut selbst gab ich die nöthige genauere Form auf dem Rande des mit Eiweiss oder 0,6°/₀ Kochsalzlösung (hier muss aber sehr rasch gearbeitet werden, weil die Membran sonst festklebt) befeuchteten Glasrohres mittelst einer gekrümmten Scheere, worin man es bald zu einer grossen Fertigkeit bringt.

Fall I.

R. E. 22 J. Aus den anamnestischen Erhebungen ergibt sich, dass Pat. von gesunden Eltern stammend, mit zwei Jahren Variola (??), im zehnten Jahre Scarlatina überstanden haben will. Seit der Variola litt er auf beiden Seiten an Schwerhörigkeit (jedenfalls damals nicht allzu hochgradig, da sonst Pat. in diesem Alter taubstumm geworden wäre) und übelriechenden Ausfluss aus beiden Ohren, der meist intermittirenden Typus annahm. Spezifische Infektion negirt; Schwindelsymptome sollen nie existirt haben. Dagegen habe zur Zeit der Sistirung der Otorrhoe, meist kurze Zeit vor Wiederbeginn derselben, sich intensiver Kopfschmerz, jedoch ohne Brechneigung eingestellt. Gleichgewichtsstörungen fehlten.

Status praes. v. 8. V. 86. Patient ein mittelgrosser schmächtig gebauter Mann zeigt für Flüstersprache HW. R. = 0,40 mtr.; L. = 5 ctm.

Uhr R. = $\frac{1}{4}\frac{2}{2}$; L. ad concham.

Stimmgabel (C.) wird vom Scheitel konstant im rechten Ohr, von den Schneidezähnen gar nicht vornommen.

Rinne'scher Versuch ergibt ein nicht zu verwerthendes schwankendes Resultat.

Pat. hört seine eigene Stimme R. laut L. dumpf. An der Aussprache lässt sich nichts ungewöhnliches finden, obwohl Pat. angibt, dass als Kind die Nasenathmung sehr behindert gewesen sei, so dass die Wahrscheinlichkeit der früheren Existenz von adenoiden Vegetationen ziemlich gross sein dürfte. Von subjektiven Gehörsempfindungen will Pat ein temporäres Klingeln, besonders im rechten Ohre, das sich bei rascher Bewegung etc. steigere, empfinden. Auch in der Ruhe soll dieses Geräusch oft geradezu quälend wirken.

Die Inspektion des Nasenrachenraumes ergibt nichts abnormes. Schleimhaut ziemlich blass, nicht gewulstet.

Objektiver Befund.

R. meatus auditorius extern. sehr weit. Schon in den äusseren Parthieen zeigt sich der Gehörgang gefüllt mit dickem, grünlichem, nicht gerade sehr fötidem Sekrete, das nach der Ausspülung deutliche Schleimflocken im Spritzwasser zeigt. Nach Austrocknung erscheint der Gehörgang leicht geröthet, mit Epidermislamellen streckenweise besetzt. Im knöchernen Gehörgange an der Uebergangsparthie zum Trommelfell fehlt der Epidermisüberzug vollständig. Tympanum selbst gewulstet, getrübt, stark verdickt. Seine Neigung zur Gehörgangsaxe ist stark der Horizontalen zugerichtet. In der Gegend des Umbo, gegen den hinteren unteren Quadranten zu, findet sich eine ca. linsengrosse, ovale Perforation, durch welche die stark hyperämische Schleimhaut der Paukenhöhle durchschimmert.

Beim Katheterismus, der ohne Anstand gelingt, hört man ziemlich breites Perforationsgeräusch mit grossblasigem Rasseln.

Die jetzt folgende Inspektion zeigt die ganze Lücke und das Trommelfell nach hinten zu wieder mit Sekret bedeckt. Nach dessen abermaliger Entfernung ändert sich das Bild in keiner Weise.

L. Der linke Gehörgang ebenfalls mit Sekret gefüllt, nach dessen Entfernung sich die Verhältnisse im meatus sehr ähnlich denen Rechts gestalten.

Am Trommelfell ist hier die Zerstörung noch viel weiter gediehen; bis auf einen peripheren Saum fehlt es vollständig. Der Hammergriff ist sichtbar, stark nach innen gezogen. Nahe der hinteren oberen Peripherie schimmert ein fadenartiges Gebilde kaum angedeutet durch; wohl die Chorda, obwohl Patient keine Sensationen bei Berührung ausgelöst bekommt. Die Schleimhaut der Paukenhöhle relativ blass, am Promontorium einzelne Gefässe zu sehen.

An der vorderen unteren Peripherie des Defektes ist eine erbsengrosse polypöse Wucherung. Katheter bringt hier ein breites, starkes Perforationsgeräusch ohne Rasseln zu Gehör. Nachher kein neues Sekret.

H.W. jetzt R. = 0,45 L. = 5 ctm.

Therapie:

Die Granulation lässt sich mit der Wilde'schen Schlinge entfernen; der Grund wird mit Argent. nitric., in Substanz an die Sonde angeschmolzen, geätzt. Hierauf strickte Durchführung der Borsäurebehandlung.

Nach Verlauf von 10 Tagen hat Sekretion links aufgehört, Granulation scheint verschwunden.

Rechts besteht die Eiterung noch fort, aber in geringem Grade. Am 20. Tage sistirt sie (endlich) auch hier. Die Gehörverbesserung ist unwesentlich vorgeschritten.

R. = 55 ctm., L. = 5 ctm.

Während der nächsten 10 Tage wird die Beobachtung fortgesetzt, ob die Eiterung definitiv geheilt ist.

Jetzt also waren die Verhältnisse dermassen gestaltet, dass ein Versuch den Verschluss der Lücke herbeizuführen, als wohlbegründet gelten konnte. Waren ja auch die Bedingungen wie sie Schwartze[1]) in einem solchen Falle verlangt. „Nur wo doppelseitige hochgradige Schwerhörigkeit besteht, so dass also blos laute Sprache in der Nähe des Ohres verstanden wird. Bei (grossen) Defekten des Trommelfelles und bei wenig oder gar nicht secernirender Schleimhaut sind solche Versuche zu empfehlen" hier vollständig erfüllt.

1) Chirurg. Krankh. d. Ohres. S. 207.

Ich schreite also (28. V.) nach subtilster Reinigung zur Verschliessung der Lücke nach der Berthold'schen Methode. Nachdem die beiden ersten Versuche missglückten durch Ankleben des Häutchens an der Gehörgangswandung, bringe ich endlich das dritte Stückchen glücklich auf die Lücke des rechten Trommelfelles, richte es mit dem Sondenknopf zurecht und es lag nun ganz gut über den Rändern, die durchschimmerten. (Ob durch den Versuch wirklich eine Hörverbesserung herbeigeführt würde, hatte ich vorher prophylaktisch geprüft, indem ich ein Stückchen einer Papierscheibe an die Perforation applicirt hatte; hier war sie schon sofort eingetreten. 1,75 mt gegen 0,55 cmt.!!)

Ich durfte also hoffen, dass es jetzt ebenso der Fall sein werde und ich hatte mich nicht getäuscht. Patient hörte sofort FL. R. = 1,50 mt.

Links machte ich, obwohl bei der kolossalen Zerstörung wenig Aussicht auf Erfolg war, dennoch experimenti causa den Versuch mit der Schalenhaut, obschon nach Berthold's Ansicht für so grosse Lücken die menschliche Epidermis den Vorzug verdient.

Die Membran brachte ich hier zwar gleich an Ort und Stelle, ich musste aber eine sehr grosse Scheibe schliesslich in 2 Stücke theilen, da sonst der Defekt nicht zu decken war; das war schon ein Uebelstand.

Ausserdem konnte ich das eine Häutchen absolut nicht zum genauen Anpassen bringen. Der Erfolg war denn auch hier für das Gehör gleich Null.

Beiderseits Tamponade. —

Es wird nun dem Patienten jegliche Manipulation am Gehörgange verboten, insbesondere wird ihm empfohlen, mit allen Expirationsbewegungen möglichst vorsichtig zu sein.

Tags darauf zeigt sich rechts die Membran noch glatt anliegend, in der Mitte leicht eingezogen und von einer graulichen Farbe (sie war also nicht trocken).

Links hatte sich ein Lappen an der hinteren oberen Peripherie in die Pauckenhöhle hineingeschlagen; ausserdem sind noch einige Falten zu sehen in der Membran, so dass das Resultat, wie ja voraussichtlich, ein negatives wurde. Patient hat keinerlei Empfindung von den transplantirten Stücken. —

Sekret bleibt aus. — Gehör gut. —

Am 4. Tage (1. VI.) liegt die Membran rechts noch wie Anfangs: sie scheint aber von Feuchtigkeit durchtränkt.

Im hintern obern Theile des Schalenhäutchens macht sich ein kreideweisser Streifen bemerkbar. Doch lässt sich bei vorsichtiger Berührung mit der Sonde nirgends am Rande irgendwelche Beweglichkeit nachweisen.

Hörweite über 1 mtr.

Links liegt die Membran als weisslich-brauner Fetzen geschrumpft und gefaltet in der Nähe des ehemaligen Trommelfells im Gehörgange.

Sekretion fehlt beiderseits.

Verhaltungsmassregeln dauern fort.

Am 4. VI. Lage noch immer die gleiche.

7. VI. Der kreideweisse Streifen hat sich etwas vergrössert: das Centrum noch immer leicht eingezogen. Gehör bleibt über einem Meter.

10. VI. Die weisse Zone, die mir eigentlich Besorgniss einflösste, hat sich nicht mehr vergrössert.

13. VI. Es wird mittelst des pneumatischen Trichters eine sehr vorsichtige Luftverdünnung unter Controlle des Auges vorgenommen. Dieser Versuch bestätigt die Adhärenz der Membran allseitig, die Mitte wölbt sich etwas in den Gehörgang. — Das Aussehen der Membran ist überall gleichmässig grau-weiss, ein Stück der weissen Zone existirt immer noch. Ausspritzung wird nicht gewagt. — Gehör immer des Gleiche.

Nach weiteren 10 Tagen hat sich nichts mehr geändert.

Da also am 27. Tage nach der Vornahme der Transplantation sich keinerlei Symptome der Ablösung zeigten, so kann man wohl annehmen, dass hier eine sehr innige Agglutination stattgefunden hatte.

Fall II.

V. E. 21 J. Otitis media purulenta chronica perforat. dext.

Anamnese:

Obwohl Pat. auf Befragen das Ueberstandenhaben sämmtlicher Kinderkrankheiten negirt, kann doch durch Mittheilung der Eltern eruirt werden, dass Pat. wahrscheinlich Morbillen und Scarlatina im 9. Jahre durchgemacht habe, hiernach Otorrhoe.

Tuberculöse Belastung, sowie ererbte Schwerhörigkeit wird verneint.

Schmerzen sollen sich selten eingestellt haben, subjektive Gehörsempfindungen fehlen.

Schwerhörigkeit auf dem rechten Ohr wechselt und soll am bedeutendsten auftreten während starker Sekretion. Schwindelerscheinungen sollen immer gefehlt haben, ebenso Neigungen zu catarrhalischen Schleimhautaffektionen.

Eigentliche ärztlich-medikamentöse Behandlung hat Pat. trotz der langen Dauer des Leidens nie in Anspruch genommen.

Stat. praes. 16. V. 86.

Pat., ein grosser, kräftig gebauter Mann von gesundem Aussehen zeigt ausser einer leichten eczematösen Erkrankung beider Ohrmuscheln verbunden mit geringgradiger Pityriasis capillit. keine Abnormität.

Hörweite Fl.: L. = 5 mtr.
R. = 0,90 mtr.

Uhr: L. = $\frac{42}{42}$; R. = $\frac{35}{42}$.

Stimmgabel (C) vom Scheitel konstant in's linke Ohr; vom linken Tuber parietale in's rechte Ohr.

Die Sprache deutlich markirt ohne nasalen Beiklang.

Objektive Untersuchung.

Links: Ohrmuschel mit geringen leicht schilfernden Eczemresten ohne wesentliche Hyperämie und Verdickungen. Gehörgang weit; Cerumen wenig.

Trommelfell erscheint ziemlich vertikal; Glanz und Farbe normal, bis auf eine ganz kleine Stelle im hinteren oberen Segmente. Lichtkegel etwas verbreitert, in der Mitte unterbrochen. Process. brev. prominirt wenig; der Hammergriff zeigt eine geringe spatelförmige Auftreibung am Umbo.

Rechts: Der Gehörgang ist an seiner unteren Wand mit einer Schichte schmutzig-bräunlichen Sekretes bedeckt, das den charakteristischen Fötor der alten vernachlässigten Otorrhoe trägt. Beim Ausspritzen (4% Borlösung) sinkt das Sekret in schleimigen Flocken nieder. Nach dem Austrocknen ergibt sich die Gehörgangshaut geröthet.

Trommelfell allseitig getrübt und verdickt, Lichtkegel fehlt; längs des Hammergriff's nach aussen ein rothbrauner Streifen. Im vorderen unteren Quadranten eine rundliche, scharf umschriebene Perforation, die über 3 mm im Durchmesser hat. Pulsation, Luftblasen fehlen.

Die Untersuchung des Nasenrachenraumes ergibt ausser mässig hypertrophischer Tonsillen nichts; die Schleimhaut vielleicht etwas blutreicher als in der Norm.

Katheterismus gelingt gut. Links, kein Rasseln, ganz freies Anschlagegeräusch. Rechts, die Luft dringt zischend in hoher Tonlage durch; jetzt zeigt sich wieder Sekret.

Therapie: Borsäureordination.

Durch stricte Ausführung des Verfahrens gelingt es die Sekretion bis zum 16. VI. endgültig zur Sistirung zu bringen. Die Perforation hat sich nicht verändert.

Da die Bedingungen jetzt gegeben waren und die Lücke doch wahrscheinlich nicht von selbst zugeheilt wäre, schlage ich dem Patienten die Myringoplastik vor. Es wird sofort zu den Vorbereitungen (Reinigung unter antiseptischen Cautelen, Katheterisation) geschritten und wird diesmal die Membran mit einer dünnen Glasröhre angeblasen, so dass wieder die Eiweissseite auf die Perforation hinsieht, die aber jetzt noch nicht gedeckt ist, weil das Schalenstückchen noch seitwärts liegt.

Der zweite Versuch bringt die Haut so an die Lücke von oben her, dass sie halb zugedeckt erscheint. Mittelst Sonde wird sie glücklich zurecht geschoben und die Ränder sorgfältig angedrückt.

Nun wird der Katheter noch einmal eingeführt und mittelst Spritze und Gummischlauch eine luftverdünnende, saugende Bewegung ausgeführt, die den Zweck haben soll, die Membran von innen gut an die Lücke heranzuziehen.

Der Erfolg ist ein negativer; Pat. hört sofort nicht besser; Gefühl eines Fremdkörpers ist nicht vorhanden. Das Gehör hatte sich während der Behandlung auf 1,40 mtr. gebessert, und Pat. meint jetzt eher etwas dumpfer zu hören. Die Untersuchung ergibt keine weitere Herabsetzung der Hörweite.

18. VI. Die Membran liegt noch gut an, sieht grau-weiss aus, scheint aber mehr Feuchtigkeitsgehalt zu haben als im ersten Falle. Gehör schlechter.

20. VI. Das Häutchen sieht oben ganz trocken, spröde aus; in der untern Hälfte macht sich eine bräunliche Verfärbung wahrnehmbar. Der untere Rand liegt nicht mehr an und lässt Sekret vermuthen, was sich denn auch wirklich bei der näheren Sondenuntersuchung herausstellt. Die ganze Membran wird herausgespritzt; sie ist in dem früher an der unteren Partie gelegenen Theile in der That braun (vielleicht Schwefelwasserstoffentwickelung) und ihre innere Fläche mit Eiter bedeckt. Es muss also die Recidiv-Otorrhoe wieder gestillt werden, was denn bis zum 2. VII. konstatirt werden kann.

Die Hörweite hat sich auf 1,50 mtr. gebessert. Die Lücke hat noch die gleiche Grösse.

Der Versuch wird am 2. VII. wiederholt und gelingt diesmal ohne jeden Zwischenfall.

Hörweite bessert sich wieder nicht.

3. VII. Die Membran liegt allseitig glatt an und lässt die überlagerten Ränder des Trommelfelles röthlich-grau durchschimmern. Die Mitte erscheint diesmal kaum eingezogen; die zugedeckte Lücke sieht ganz dunkel aus. Gehör gleich.

5. VII. Es hat sich nichts geändert; höchstens eine leichte weissliche Verfärbung hinten oben; kein Sekret.

8. VII. Membran zeigt keine Abhebung der Ränder; Farbe grau-weiss.

12. VII. Die Haut sieht allseitig succulent aus. Kein Sekret. Gehör 1,50 mtr.

Von nun verlor ich den Pat. aus den Augen bis er sich Ende Juli wieder zeigte. Die Membran adhaerirte; Valsalva'sches Verfahren bringt keine Lokomotion zu Stande. Die Farbe ist noch immer eine weiss-graue; durch Sonden-Untersuchung kann nichts vom Trommelfellrande abgehoben werden. Trotz des geringen Erfolges in Bezug auf Hörverbesserung zeigt sich Pat. sehr zufrieden.

Die jetzt folgenden Krankenberichte fallen sowohl der Zeit nach später als auch sind sie in ihrer Ausführung wesentlich von den vorhergehenden verschieden dadurch, dass sie sich auf die bei den Experimenten gewonnenen Daten stützen.

Fall III.

W. H. 18. J. Ein kräftiger, intelligenter junger Mann, Pat. hat ausser Scarlatina keinerlei Infektionskrankheit durchgemacht. Danach wieder, wie so oft, Ohrenfluss auf beiden Seiten, der lange Zeit sistirte, bis Pat. bei Gelegenheit eines kalten Bades sich eine neue Verschlimmerung zuzog, welche sich nun auf sein 14. Lebensjahr zurückdatirt. Er war von dort an in die Behandlung eines sehr tüchtigen Arztes getreten, der denn auch die Otorrhoe durch Borsäurebehandlung zum einstweiligen Stillstand brachte.

Das Gehör hatte sich nicht sehr gebessert und von Zeit zu Zeit zeigte sich wieder ein Rückfall der Eiterung.

Unter solchen Verhältnissen sah ich Pat. zum erstenmale am 12. X. 1887.

H. W. (Fl.) R. = 1,50 mtr.
L. = 0,50 mtr.

Eiterung z. Z. wieder vorhanden, aber nicht sehr massenhaft. Er will absolut definitiv von seinem Ohrenfluss geheilt sein, da er sich durch private Lektüre so in den Gedanken der Gefährlichkeit derselben hineingearbeitet hat, dass er immer für sein Leben fürchtet.

Trommelfell rechts zeigt eine kleine Perforation in der Membran. Shrapnelli und eine über linsengrosse im hintern untern Quadranten. Links ein sehr grosser ziemlich centraler Defekt mit Einwärtsziehung des Hammergriffes; in der ganzen Peripherie befindet sich noch eine ziemlich breite Randparthie. Pauckenschleimhaut ziemlich hyperämisch.

Porforationsgeräusch beiderseits, rechts sehr stark pfeifend, links breit blasend.

Zuerst wird wieder Borsäure angewandt; aber, da erstens die Eiterung sich zwar minimal zeigt, jedoch nicht ganz aufhört, zweitens da Pat. bei den zu Hause von seinen Angehörigen vorgenommenen Ausspritzungen links selbst bei geringem Stempeldruck sehr leicht Schwindelerscheinungen zeigt, so wird das Verfahren geändert.

Es wird Argent. nitric. in Solution angewandt und verbunden mit trockener Tamponade des Gehörgangs mit Brun'scher Watte.

Unter dieser Methode kam, nachdem die Borsäure über

6 Wochen angewandt worden war, nach 12 Tagen eine Sistirung der Eiterung zu Stande.

Rechts war sie schon nach 4 Tagen definitiv zu Ende und hatte sich in der Shrapnell'schen Membran eine schöne Narbe gebildet, die bei der Luftdouche sich leicht verwölbt. Die zweite Perforation ist trocken, aber jedenfalls nicht kleiner geworden.

Links: Paukenschleimhaut viel blasser, ganz trocken. Hörweite noch ebenso wie früher. Es wird noch 4 Wochen gewartet um zu sehen ob die Eiterung wirklich aufgehört hat. Anfangs Januar wird der Versuch gemacht (10. I. 88), ob eine Hörverbesserung durch eine Scheibe bewirkt wird; es bestätigt sich beiderseits.

Als Vorbereitung wird nach vorausgegangener beiderseitiger Katheterisation diesmal erst eine gründliche Reinigung des meatus Tags vorher vorausgeschickt, indem die fettigen Bestandtheile durch Aether sulfur. auf Wattetampons entfernt werden; hierauf wird mittelst absoluten Alkohols die Präparation zur Desinfektion fortgesetzt. Schliesslich wird eine halb wässerige halb alkoholische Lösung von Sublimat 0,2 : 200,0 durch 10 Minuten instillirt. — Watte. —

Am Tage der Ausführung, 12. I. 88 wird erst blos Politzersches-Verfahren vorausgesandt; dann letzte Herstellung eines aseptischen Terrains durch Sublimat 0.1 : 100,0 Alc. absol. Diese Proceduren wurden beiderseits gleichmässig durchgeführt.

Zuerst wird Rechts mit einer kleinen, leicht winkelig gebogenen Curette die Peripherie der Lücke über ca. 1 mm breit ihrer Decke durch ziemlich energisches Schaben beraubt, so dass wir eine neue Wundfläche bekommen, was den Patienten einige Schmerzensrufe entlockt.

Nun wird die zurecht geschnittene Schalenhaut eines ganz frisch gelegten Eies, nachdem die Eiweissseite sorgfältig abgepinselt war mit sterilisirter Kochsalzlösung, so durch einen weiten Trichter vermittelst der Glasröhre angeblasen, dass die Schalenseite gegen die Lücke zu liegen kommt. Sie legt sich über die minimal blutenden Ränder sehr gut an.

Das folgende Ausdrücken, das eigentlich nur der Sicherheit halber nur noch unternommen wurde, wird mittelst eines kleinen, mit Kochsalzlösung eben befeuchteten, an der Sondenspitze befindlichen Wattetampons ausgeführt. (Es wird nicht mehr wie früher mit dem Sondenknopf manipulirt; ebensowenig werden Aspirationsversuche von der Nase aus gemacht.) Man sieht nun ganz deutlich die Ränder grauroth, das Centrum grauweiss.

Der Gehörgang wird nun einfach durch einen Wattebausch geschlossen und dem Pat. wieder Rücksicht auf die Exspirationsbewegungen anempfohlen.

Auf der anderen Seite wird in gleicher Weise verfahren, nur dass hier das Stück etwas grösser sein musste; ich kerbte desshalb die Ränder der Membran leicht mit einer Scheere in der ganzen Peripherie ein und hatte die Freude, auch hier bald die Anlagerung günstig zu bekommen.

Die Hörverbesserung sofort frappant: Rechts etwas über 3 m, Links über 1 m.

14. I. Die Membranen liegen beiderseits gut; Aussehen grauröthlich an den Rändern, matt weissgrau gegen die Mitte zu, links central wenig gedellt. — An den Rändern rechts sieht man ziemlich lebhafte Röthe.

16. I. Keine Aenderung.

19. I. Links hat sich eine Kerbe nach vorne unten zu etwas aufgestülpt und sieht trocken weissgrau aus; ebenso eine minimale daranliegende Zone der Perforation. — Rechts, die Membran sieht aussen röthlichgrau, innen mattgrau aus; Röthung viel geringer; kein blasiges Abgehobensein der Membran.

22. I. Der weissliche Streifen links ist nicht grösser geworden. Auf beiden Seiten scheinen die Ränder agglutinirt; besonders rechts sieht die Membran peripher succulent aus; Farbe röthlichgrau.

Es hat offenbar schon Zelleneinwanderung stattgefunden.

26. I. Die Ränder der Membran rechts scheinen nicht mehr so ganz deutlich wie früher; Färbung diffus gräulichroth, central blaugrau. Links: nichts Besonderes. — Farbe grau. —

31. I. Man kann eben noch die Ränder mit Mühe sehen; die rothgraue Farbe schreitet etwas gegen das Centrum vor. — Links: an den Rändern röthlich, Centrum grau.

10. II. Rechts: die ganze Membran sieht grauröthlich aus und sitzt allseits innig fest. — Links: peripher rothgrau, die centrale Parthie grau, in der Mitte weisslich.

Luftdouche beiderseits lässt erkennen, dass keine Loslösung an irgend einer Stelle erfolgt ist.

22. II. Rechts ist in der Nüance die Farbe etwas blasser, dagegen succulent grau. Links ist die Membran entschieden trockener geworden, die weisse Farbe hat bedeutend zugenommen; Luftdouche mit gleichem Resultate wie oben.

So blieb das Verhalten der Membranen noch durch geraume Zeit, ich sah den Patienten, der sich unterdessen der immer gleichbleibenden Gehörverbesserung erfreut hatte, hie und da wieder.

Ende März konnte ich konstatiren, dass rechts die Membran da war, d. h. man konnte die ehemaligen Ränder eigentlich nicht mehr sehen, sie waren eben angedeutet; die Perforation selbst bleibt zu.

Links ist an den Rändern ungefähr derselbe Befund festzustellen, aber das Innere ist weiss.

Wir können also hiernach über 2 Monate, wenigstens für die rechte Seite annehmen, dass eine Organisirung stattgefunden hat. Links ist dies wahrscheinlich bloss an den Rändern geschehen, in deren Mitte dagegen nicht.

Es war ja auch von vornherein wahrscheinlich, dass bei dieser Ausdehnung des Defektes, die noch dazu durch die Verlagerung des Hammergriffes ungünstig komplicirt war, ein vollständiges bis ins Centrum reichendes Durchwachsen sich nicht einstellen werde.

An den Rändern zwar war die Verwachsung gewiss eingetreten, aber die Lücke war eben zu gross, um die Ernährung bis in die Mitte in erspriesslicher Weise zu Ende zu führen.

Wir müssen eben hier auch dem Umstande Rechnung tragen, dass der transplantirte Körper nicht wie bei anderen Transplantationen in seiner ganzen Ausdehnung mit dem künftigen Mutterboden in Berührung kommt, sondern dass er blos an der Peripherie aufliegt. Ferner, dass wir hier wohl ein organisationsfähiges Material vor uns haben, das aber selbst Nichts zur Verwachsung beitragen kann. —

Fall IV.

W. J. Grosser kräftiger Mann von 52 Jahren, will in seiner Jugend an beiderseitigen Ohrenfluss gelitten haben, der aber schliesslich ohne ärztliches Zuthun aufhörte. Das Hörvermögen sei nie wesentlich beeinträchtigt gewesen. Vor einiger Zeit will sich Patient auf einer Jagd stark erkältet haben und von da ab rechts starke Ohrenschmerzen und schliesslich wieder Ohrenfluss gehabt haben, der indess nicht sehr lange anhielt.

Stat. praes. v. 6. VI. 88.

HW: L. ziemlich normal. R. kaum 1 mtr.

Trommelfell L. sehr schön gross ausgebildet, stark vertikal, glänzend. An der Grenze des hinteren, untern und obern Quadranten eine ca. linsengrosse, eingezogene narbige Stelle, die sich mit dem pneumatischen Apparate beweglich zeigt.

R. sonstige Trommelfell-Verhältnisse wie links aber ganz an der korrespondirenden Stelle der linken Narbe befindet sich eine ungefähr ebenso grosse, scharfumschriebene, quer ovale Perforation, die deutliches Perforationsgeräusch produzirt; Paukenschleimhaut ziemlich blass, nicht gewulstet. — Kein Sekret. —

Es war hier offenbar, dass auf beiden Seiten sich in früheren Jahren eine perforative Mittelohreiterung etablirt hatte, die auf der rechten Seite durch eine neuerliche Gelegenheitsursache recidivirt war.

Obwohl Patient seit 14 Tagen kein Sekret mehr bemerkt und auch bei der Untersuchung jetzt keine Spur nachgewiesen werden kann, wird vorsichtshalber ein Zeitraum von 4 Wochen zur blossen Beobachtung gelassen.

Als sich während dieser Zeit die Perforation wirklich als eine trockene erwies, wird nun wieder zuerst der Versuch der Hörverbesserung durch eine eingeführte Papierscheibe unternommen; es tritt auch Erfolg ein.

H. W. beinahe 2 mtr.

3. VII. 87. Nun wird diesmal in der gleichen Weise wie beim vorigen Falle vorgegangen; die Eiweissseite wurde abgepinselt und es gelingt, nachdem die Membran an den Gehörgangswänden hängen geblieben war, sie schliesslich auf die Lücke zu bringen. Die Membran liegt gut über den ange-

frischten Rändern und lässt sogleich hier das lebhafte Roth durchschimmern. Centrum graulich. Hörweite sofort über 2 mtr. Cautelen wie früher.

5. VII. Patient klagt über ein schmerzhaftes Gefühl im Ohr. Aus einer ziemlich lebhaften Reaction in der Umgebung ist nichts abnormes zu sehen. Die Ränder, die noch das frische Roth durchscheinen lassen, liegen allseits gut; die Membran grau, aber nicht so succulent als wie im vorigen Falle.

7. VII. Der Schmerz ist verschwunden. Patient hat gar kein Gefühl irgend eines Fremdkörpers.

Objectiv: Röthung bedeutend weniger; die Ränder, deren Lagerung unverändert ist, haben nicht mehr das grauröthliche Aussehen. Es mischt sich ein bräunlicher Farbenton an der Peripherie mit ein; an manchen Stellen der Ränder sieht es aus, als ob Krusten von vertrocknetem Blute sich darüber hinschöben. Centrum grau. —

11. VII. Röthung vollständig geschwunden. Beinahe in der ganzen Ausdehnung des peripheren Deckstückes der Lücke macht sich ein bräunlicher Saum bemerkbar; die aufliegenden Ränder sehen bräunlich-grau aus; Mitte grau. —

15. VII. Nichts geändert.

20. VII. Die bräunliche Färbung persistirt immer noch.

25. VII. Es sieht an manchen Stellen aus, als ob von der braungrauen Peripherie sich weisse Streifen hereinziehen gegen das Centrum; die Mitte selbst ist etwas eingesunken und weissgrau von Farbe.

29. VII. Von der grau-braunen Randparthie haben sich viele solche weisse Streifchen gebildet, so dass es sich ausnimmt wie eine radiäre Faltenbildung; die Mitte ist mehr weiss als früher. — H. W. w. o.

Wegen Urlaub sah ich jetzt den Patienten 5 Wochen lang nicht mehr und konnte erst Mitte September wieder eine Besichtigung vornehmen. Das Hörvermögen war in der letzten Zeit eher etwas schlechter geworden. Die Membran sieht am früheren Rande, dessen Grenzlinie man noch verfolgen kann, weiss-grau aus. Die Mitte ist grau-weiss und mit etwas schmutzig-braun untermischt. Die Knitterung hat sich über die ganze Fläche verbreitet. Hier hat alse keine Anheilung stattgefunden. Nach grosser Mühe gelingt es einen Riss in die trockene Haut hineinzubringen und von da aus nur allmählig bis an die Peripherie die Lücke wieder blosszulegen. Die Ränder kleben noch fest an und lassen sich ohne rohe Gewalt nicht entfernen.

Jetzt nach vollständiger Entfernung der centralen Parthie ergiebt sich folgendes Bild:

Die Lücke im Trommelfell existirt nicht mehr. Ueber die ganze frühere Perforation hat sich eine ausserordentlich feine, glänzende, durchsichtige Membran ausgebreitet; der Defekt ist offenbar mit Narbensubstanz ausgefüllt. Das erhellt noch aus dem Umstande, dass sowohl bei der Luftdouche als bei dem Luftverdünnungsverfahren eine deutliche Beweglichkeit der Stelle zu konstatiren ist; das Perforationszischen fehlt vollständig.

Von einer Anheilung der Schalenhaut in diesem Falle zu reden ist gewiss nicht statthaft. —

Aber trotz dieses in dieser einen Beziehung negativen Resultates ist der Bericht in zweierlei Hinsicht interessant und lehrreich. Wenn wir einmal die Ursache erforschen wollen wesshalb die Membran hier nicht eingeheilt ist, trotz der relativ günstigen Vorbedingungen und Vorbereitungen, so werden wir wohl schwerlich irre gehen, wenn wir den Grund dazu einfach darin suchen, dass die Membran eben diesmal nicht mit der Schalenseite auf die Wundfläche zu liegen kam. Sie blieb bekanntlich während der Ausführung des Versuches an der Wandung haften, wurde dann umgedreht und kam so, da das Auge über die abgepinselten Flächen keine Controlle mehr auszuüben vermag, auf die Eiweissseite, von der aus, wie wir mit Sicherheit sagen können, eine Inosculation nicht möglich ist.

Betrachten wir nun zweitens die positive Seite des Versuches, die Narbenbildung, so könnten wir vielleicht annehmen, es habe sich die Membran in ihre zwei Blätter gespalten und sei die innere zur Gewebebildung verwendet worden. Es hat dies aber keine Wahrscheinlichkeit für sich, denn es hätte letzteres wohl blos dann der Fall sein können, wenn die agglutinationsfähige Seite in Beziehung getreten wäre; dann aber wäre die Membran in toto eingeheilt und nicht blos eine Schichte, deren Uebergang in die Narbe man ausserdem doch hätte sehen müssen. Des Weiteren spricht dagegen, dass eine eingeheilte Schalenhaut nie sich in eine solche glänzende, durchsichtige

Membran· verwandelt; sie sieht immer derber, massiger aus und hat in dem Endstadium der Organisirung einige Aehnlichkeit mit der wirklichen Fibrosa des Trommelfell's.

Wir müssen also glauben, dass die Narbensubstanz vom Trommelfelle selbst geliefert wurde und zwar in der denkbar vollkommensten Weise. Jedenfalls aber war die adaptirte Membran von fundamentaler Bedeutung für das Zustandekommen der Narbe; eben gerade durch das Verkleben der Schalenhaut mit den Rändern wurde dem sich bildenden Gewebe der sicherste Schutz gegen die Aussenwelt gegeben, so dass es sich, ganz ungestört und höchstens noch günstig beeinflusst von dem leichten Reize der schützenden Decke, derart gut zu konsolidiren vermochte.

Fall V.

18. IV. 88. Patient, angeblich früher nie Ohrenkrank, will in Folge eines Traumas vor etwas über einem halben Jahre sein Ohrenleiden acquirirt haben. Er bearbeitete mit einer Stricknadel wegen Juckens den rechten Gehörgang; während dieser Procedur stiess ihn ein Familienangehöriger aus Versehen an die Hand, so dass die Nadel tiefer einrutschte. Sofort heftiger Schmerz, verbunden mit starkem Sausen; Blut soll ganz wenig nachgeflossen sein; das Hörvermögen soll in den ersten Tagen hauptsächlich durch das Sausen beeinträchtigt gewesen sein. Da die Schmerzen bald aufhörten, auch die übrigen Symptome an Intensität in Bälde nachliessen, so fühlte Patient keine Veranlassung einen Arzt zu befragen, obwohl es ihm von Anfang an eigenthümlich däuchte, dass bei jedem Schnäutzversuch ein eigenartiges Knirschen und Pfeifen in dem betroffenen rechten Ohre sich bemerkbar machte.

Er liess die Sache ruhig auf sich beruhen; da aber dies letzte Symptom sich durchaus nicht ändern wollte, suchte er nach einem halben Jahre meine Hülfe.

Auf Befragen gibt Pat. an, dass höchstens etliche Tage lang nach der Verletzung sich, abgesehen von der ersten Blutung, wenig blutig-wässerige Flüssigkeit an der eingeführten Watte gezeigt habe. Otorrhoe wird vollständig negirt.

Stat. praes. 18. IV. 88.

H. W. (Fl.) = L. — normal.
R. = 3 mtr.
Uhr L. = $\frac{10}{12}$
R. = $\frac{10}{12}$.

Stimmgabel vom Scheitel nach links. Trommelfell links ausser einem kleinen Kalkflecken im vordern untern Quadranten ziemlich normal.

Rechts: Oberflächenglanz schön; keine Trübung; ein leicht braunrother Streifen zieht sich längs des Hammergriffes auf die Shrapnell'sche Membran. Im hintern, obern Quadranten, etwas von der Mitte der angedeuteten hinteren Falte nach aussen zu eine scharf umschriebene über stecknadelkopfgrosse rundliche Perforation. Hintergrund ganz dunkel. Ziemlich hohes pfeifendes Perforationsgeräusch mit Politzer. Kein Sekret. — Nachdem noch eine Woche zur Beobachtung gewartet worden war, wird wie im Fall III der Verschluss mittelst Schalenhaut gemacht.

Ausführung am 26. IV. 88.

Trotzdem die Oeffnung sehr klein ist, also der Defekt eigentlich nicht schwer zu decken, gelingt es erst das dritte Stückchen gut, d. h. mit der Schalenseite auf die Perforation zu bringen. Lage gut.

Ränder, diesmal ziemlich breit übergreifend, sehen röthlich durch; Centrum grau. Hörvermögen unwesentlich gebessert, (es war vorher kein Probeversuch gemacht worden). Patient klagt wieder über Sausen. Cautelen wie früher.

28. IV. Lage unverändert. In der Umgebung der Ränder, die röthlich-grau erscheinen, eine ziemlich lebhafte Röthung. Centrum grau. — Schmerzen fehlen. Sausen nicht mehr.

30. IV. Randparthie intensiv rothgrau, Mitte succulent; nirgends Schmerz bei Berührung, nirgends blasige Abhebung der Membran. —

4. V. Die periphere Injektion um die Ränder etwas schwächer; der Rand selbst in der ganzen Ausdehnung rothgrau, besonders stark am innern, unteren Winkel, hier erstreckt sich die Färbung etwas weiter über den Rand nach innen.

9. V. Periphere Injektion jetzt geringer. Ränder überall imbibirt röthlich; die grau-röthliche Verfärbung läuft von drei

Seiten radienartig gegen die Mitte, die kaum noch grau genannt werden kann.

14. V. Eine wallartige Umsäumung der transplantirten Ränder ist nirgends zu sehen; die Contouren peripher diffuser als bisher; keine bräunliche Farbe nach aussen. Dagegen überall auch in der Mitte succulent leicht röthlich-grau; um so saturirter, je weiter man vom Centrum nach aussen geht.

20. V. Lage überall gut ohne irgendwelche Abhebung von der Unterlage. Farbe noch beinahe ebenso. —

30. V. Grenzcontouren kaum noch wahrzunehmen. Aussehen überall succulent; der röthlich-graue Farbenton lässt sich an den Rändern noch eruiren.

8. VI. Leichte Luftverdünnung mittelst des Siegle'schen Apparates zeigt keine Abhebung der Membran. Die transplantirte Membran färbt sich in Folge der hierdurch eingetretenen Hyperämie, wie das eigentliche Trommelfell, deutlich rothgrau und zwar ziemlich gleichmässig. Nach Verlauf von 10 Minuten ist der Anblick noch immer deutlich.

25. VI. Es wird Politzer's Verfahren versucht; ausserdem macht Patient den positiven Valsava'schen Versuch unter Ocularinspektion. Die Gegend der früheren Lücke wölbt sich ganz wenig.

Trotz anhaltenden Pressens keine Abhebung, kein Entweichen von Luft bei irgend einem der Versuche, wie Patient das auch mit Freude selbst zugibt.

Dagegen tritt das nämliche Phänomen, die deutliche Verfärbung der Membran bei Steigerung des Gefässdruckes, wie beim vorigen Male ein.

Für diesen Fall dürfen wir mit Sicherheit annehmen, dass es sich hier wohl schwerlich um eine blos feste Verklebung handelt. Hier müssen wir wohl glauben, es sei eine wirkliche Verwachsung eingetreten. Diese Erscheinungen können sich nicht entwickeln und derart deutlich vor das Auge treten mit immer gleichbleibender Consequenz, wenn nicht von Seite des Mutterbodens eine Inosculation in das transplantirte Material stattgefunden, also eine reelle Ernährung sich eingestellt hat.

Auf keinem andern Wege lässt sich diese auffällige Injektion der Gefässramificationen in der neuen Membran, sowie das ganze Verhalten derselben erklären.

Der Zeitraum, innerhalb dessen sich die Verwachsungssymptome bei positivem Resultate deutlich zeigen müssen, war durchaus innerhalb der normalen Grenzen geblieben, denn wir werden in der letzten Versuchsreihe sehen, dass vom 42. Tage ab unumstösslich sich die Vascularisirung nachweisen lässt.

Epikritische Betrachtungen zur ersten Versuchsreihe.

Werfen wir zuerst einen vergleichenden Blick auf die Gesammtgruppe der Berichte sowohl die Berthold'schen als die meinen, so können wir ohne Mühe einen scharfen Kontrast, gewissermassen eine Zweitheilung entdecken.

Die Berthold'schen Referate und meine ersten zwei, die sich ausserordentlich innig an die Methode des Ersteren anlehnen, tragen einen ganz anderen Charakter als die letzteren. Der Hauptgrund hiefür ist ohne jeden Zweifel darin zu suchen, dass sich diese auf die unterdessen zur Ausführung gebrachten Thierexperimente gründen und daher in ihren Voraussetzungen und ihrer Durchführung von einem wesentlich anderen, mehr geläuterten Standpunkte aufgefasst sind und aufgefasst werden müssen, es darf also das Resultat nicht mehr blos den Stempel der Wahrscheinlichkeit, der Möglichkeit tragen.

Wir sehen, dass in den ersten Berichten mit der Schalenhaut in der Weise manipulirt wurde, dass die Eiweissseite, die sogar noch, des festeren Klebens halber, mit einer weiteren Albuminschichte überzogen wird, auf die nicht angefrischte Lücke gebracht wird.

Das ist falsch und schon von vornherein ein Grundfehler, auf dessen Ausführung hin das Experiment nicht gelingen kann.

Obwohl die Berechtigung dieser These an der Hand der späteren Versuche deutlich dargethan werden wird, so brauchen wir, um sie jetzt schon zu beweisen, vorläufig noch gar nicht die histologischen Resultate der Thierexperimente in's Feld zu führen. Wir kommen vollständig zum Ziele, wenn wir einfach auf die physikalisch-physiologischen Verhältnisse der Membran recurriren.

Wir wissen ja aus den Experimenten der gediegensten Autoren, dass es bei der Membrandiffusion und Filtration durchaus nicht gleichgültig ist, welche Seite der filtrirenden Lösung geboten wird.

Wir können speziell für die Schalenhaut nachweisen, dass bei allen Versuchen ein Durchtreten der Flüssigkeit von der Schalen- nach der Eiweissseite, nie aber umgekehrt, statt hat; so diffundirt z. B. der Lösungsstrom eines krystalloiden Körpers nie anders als in dieser Richtung.

Es mag dies seinen Grund haben in der schon früher angedeuteten Anordnung der Membran, dem eigenthümlichen Zusammentreten der Faserbündel, die es wohl, auch ohne dass wir Molecularinterstitien anzunehmen brauchen, gestatten mögen, dass die Lösung nach einer und zwar der oben genannten Richtung durchtreten, sowie wir aber den Flüssigkeitsstrom umgekehrt wirken lassen, (also auf die Eiweissseite) sich ventilartig entgegenstemmen, gerade so, wie sich die Strömungen verhalten im lebenden Körper, je nachdem die Epithel- oder Aussenseite einer Lösung entgegengesetzt wird. Es ist dies für das Gelingen der Versuche von fundamentaler Wichtigkeit, denn wir müssen darnach trachten, dass die **Membran sich im Organismus in der Lage befinde, dass dieses Diffusionsgesetz zur Anwendung gelangen kann.**

Wir müssen aber noch des Weiteren in unseren Betrachtungskreis ziehen, dass die Membran blos in **dieser einen Richtung** aus derselben Ursache ihr **Imbibitionsmaximum** erreichen kann; ferner, dass wir es im Körper nicht mehr blos mit der Membrandiffusion allein zu thun haben, es kommt hier noch der Gefässdruck hinzu, wir haben also jetzt eine Art von **Filtrationsvorgang**.

Es ist also die erste Fehlerquelle darin zu suchen, dass die Membran in der **verkehrten Richtung** angelegt wurde.

Ein weiterer Fehler liegt darin, dass Eierweiss auf die Eiweissseite applicirt wurde. Das ist gewissermassen eine Verdoppelung des ersten Fehlers und muss beinahe nothwendig einen Misserfolg nach sich ziehen, denn wir haben im Eiweiss einen Körper vor uns, der seiner chemischen Struktur nach kaum oder überhaupt nicht im Stande ist eine wahre Lösung einzugehen, während wir hier gerade danach zielen müssen, eine für Lösungen relativ leicht durchgängige Scheidewand herzustellen. Sehen wir ja doch schon bei den einfachen Membrandiffusions-Versuchen, dass das Eierweiss auf die Schalenseite gebracht, die Diffusionsströmungen wesentlich in Zeitdauer und Intensität beeinträchtigt; es ist sogar dieser Colloidkörper beim transplantatorischen Experimente im Stande, geradezu die Organisation zu verhindern, weil er sich den formbildenden Elementen als undurchdringliche Scheidewand entgegenstellt.

Eine so behandelte Schalenhaut wird auch unter den sonst günstigsten Bedingungen nie einheilen, sondern sich immer als, freilich indifferenter, Fremdkörper mit einer Kapsel umziehen aus deren Umrahmung er, blos lose innen liegend, schon bei einem makroskopischen Schnitt ohne jede Cohaerenz herausfallen wird.

Als dritten Fehlerpunkt haben wir anzuführen, dass die Anfrischung unterlassen wurde. Wir können uns mit dem besten Willen nicht vorstellen, wie es möglich sein könnte, dass ohne diesen Faktor eine Anehnung zur Organisirung möglich wäre.

Entweder haben wir sonst bei Transplantationen von vornherein eine Wundfläche oder aber, wir müssen, um eine Neuheilung zu erzielen, eine frische Wundfläche schaffen.

Warum soll hier eine Ausnahme bestehen? Gewiss nicht! Im Gegentheil, hier ist es noch viel nothwendiger, ja geradezu unerlässlich, dass eine neue Wundfläche hervorgerufen wird. Wir haben sonst keinen Mutterboden, von dem die vorher aufgestellten Postulate der Imbibition und Filtration ausgehen können. Ja es ist gerade hier beim Trommelfelle, (bei der trockenen Lücke und wir dürfen und können blos bei der trockenen Perforation den Versuch machen) um so unumgänglicher, da wir nicht wie beim Thierexperimente eine von allen Seiten Nährmaterial liefernde Gewebetasche oder wie bei der

Reverdin'schen Transplantation eine gut granulirende Wandfläche haben.

Auch dürfen wir nicht aus dem Auge lassen, dass wir blos die **eine** Seite benützen können und dass die zu verpflanzende Membran nicht wie **anderes** Transplantationsmaterial aus **eigener Initiative** zu der Organisirung beitragen kann. Wir haben hier einen Körper vor uns, der keine Spur von Zellen oder Zellderivaten in sich enthält und somit natürlich auch keinen Proliferationsvorgang zu Stande bringen kann; wir möchten ihn desshalb als einen blos „**passivtransplantablen**" Körper bezeichnen, der zwar die Bedingungen für die Organisirung ganz gut zu erfüllen im Stande ist, aber nur dann, wenn ihm alle die obengenannten Postulate bedingungslos eingeräumt werden.

Wir können nun behaupten, dass diese Faktoren bei den erwähnten 4 Berichten **nicht** in Thätigkeit getreten sind und und müssen daher zu dem Schlusse kommen, dass hier **keine Verwachsung**, keine Inosculation satthatte, sondern **nur eine** allerdings vielleicht sehr **innige** und desshalb relitiv dauerhafte **Agglutination** — allerdings ist hierdurch auch schon manches erreicht, eine Besserung des Hörvermögens wird, so lange die Verklebung hält, wahrscheinlich andauern und der Schutz der Paukenhöhle gegen die Aussenwelt durch einen dann mindestens indifferenten Fremdkörper darf nicht in letzte Linie gestellt werden.

Ganz verschieden hievon gestalten sich die Verhältnisse bei den letzten Berichten.

Hier sehen wir schon während des Verlaufes wesentlich andere Erscheinungen an der Membran auftreten; während sich in den früheren Versuchen ein grauer bis grauweisser Farbenton zeigte, sehen wir jetzt, wo mit möglichster Sorgfalt alle die nöthigen Vorbedingungen getroffen waren, eine Farbennüancirung auftreten, die sich nur durch Imbibition von Seite des Mutterbodens erklären lässt.

Hier können wir, wenigstens für den ersten und letzten Fall mit **Bestimmtheit** behaupten, dass nicht mehr blos eine sehr innige Verklebung, sondern eine Proliferation von Seite des Nährbodens in den transplantirten Körper, ja sogar Gefässneubildung, **kurz eine wirkliche Organisirung stattgefunden hatte**.

Bis jetzt muss das freilich noch als Hypothese angesehen werden, den vollgültigen unumstösslichen Beweis können wir am Menschen ohne Sektionspräparat nicht erbringen, wohl aber gelingt uns das im Thierexperimente und es soll nun die Aufgabe der zweiten Versuchsreihe sein, die **Möglichkeit der Anheilung** und der dritten, die **Thatsache der Organisirung** zu erweisen.

Versuche zweite Reihe.
Transplantationen von Schalenhaut auf Wunden.
a) negative Versuche.
Versuch I.

Vuln. incis. dors. man. dext. neglect. Pat. hat sich vor 3 Wochen mit einem Messer einen ca. 5 ctm. langen Schnitt auf den Handrücken beigebracht. Die Wunde war hierauf von einem Bader mittelst drei Nähten vereinigt und irgend ein Salbenverband darüber angelegt worden, worauf Pat. starke Schmerzen mit Drüsenschwellung bekam.

Sie wurde zum erstenmale am 16. VI. 86 besichtigt. Die Suturen waren ausgerissen, die Wunde selbst in einem höchst desolaten Zustande; Lymphangioitis. Unter feuchtem Sublimatverband gehen die Erscheinungen zurück und die Wunde, die an der breitesten Stelle bis beinahe zu 1 ctm. klaffte, begann schön zu granuliren.

Nach gründlicher Entferung des Eiters werden am 21. VI, 8 schmale Stückchen Schalenhaut mit der Eiweissfläche, theils in Dreieck- theils in gestreckter Rechteckform, auf die Wundfläche angedrückt. Sie legen sich sehr gut an und lassen sofort die unterliegenden Gebilde wie durch ein opakes Glas durchscheinen; hierauf wird gefenstertes Guttapercha darübergelegt; dann ein Sublimatfleck und ein Stück undurchlöcherten

Gummistoffs; nach erst 3 Tagen (trotz des feuchten Verbandes) Verbandwechsel.

Von den Stückchen bleiben 4 am Guttapercha haften; die übrigen liegen noch, aber offenbar ganz locker, von Sekret unterspült. Ihre Farbe ist ein trübes, mattes Weiss, das allerdings etwas Roth durchscheinen lässt. Aussen an der Wunde zeigt sich ein sehr schön fortschreitender Epithelsaum. Verband wie oben.

27. VI. Verbandwechsel. Es bleiben wieder 3 Streifen hängen; ein einziger liegt noch, lässt sich aber mit der Sonde verschieben.

Da wir annehmen können, das die Stückchen absolut nichts zur Beschleunigung der Narbenbildung beigetragen haben, so wird auch das Letzte entfernt.

Es wäre in diesem Falle vielleicht denkbar gewesen, dass die purulente Sekretion die Anwachsung der Partikelchen verhinderte; wenigstens war das damals nach Analogie der ersten Versuche der einzige plausible Grund, den wir anführen konnten.

Versuch II.

Auf eine gut granulirende Brandwunde am Vorderarme von ungefähr Handtellergrösse werden 14 Stückchen Schalenhaut mit der Eiweissseite am 16. VII. 1886 applicirt.

Um möglichst wenig zu reizen, wird diesmal kein Sublimatflecken übergelegt, sondern blos ein Streifen der mit gewöhnlicher Borsalbe bestrichen war. Resultat nach zweimaligem Verbandwechsel innerhalb 11 Tagen wieder völlig negativ.

Versuch III. & IV.

Das gleiche Schicksal hatten diese zwei Versuche, (Januar 87) von denen der eine bei einer sehr torpiden, fungösen Hautentzündung des rechten Handrückens mit sechs Schalenhautstückchen, (Eiweissseite nach unten) der andere wegen eines alten Ulcus varic. crur. von gut 4 ctm. Durchmesser mit 10 Streifen unternommen wurde. Man konnte im ersten Falle schon nach vier Tagen im zweiten nach sechs Tagen konstatiren, dass nirgends auch nur die geringste Cohäsion sich gebildet hatte. Die Streifen waren theils weiss geblieben, theils waren sie missfarbig, gelblich bis gelbbraun geworden; manche hatten sich auch ausserdem noch zusammengerollt.

Einmal (4. Fall) waren ein paar Streifen von einem gelbbraunen, halbeingetrockneten Eitersaum umgeben, der sie momentan festhielt. Nach ihrer Entfernung konnte man unter der Parthie, die sie bedeckt hatten kleine, bläuliche Inseln wahrnehmen, von denen die Uebernarbung mässige Fortschritte machte. Dass diese Epithelinseln dem Schutze durch die Schalenhaut ihre Entstehung verdankten ist zwar möglich, aber jedenfalls können sie geradeso gut ohne ihre Mithilfe sich entwickelt haben.

Versuch V.

Dieser Versuch 12. II. 87. war an einem Kaninchen gemacht worden, dem unter allen Cautelen auf eine Markstückgrosse Brandfläche des Rückens im Granulationsstadium vier Stückchen Schalenhaut (mit der Eiweissfläche nach unten und abgepinselt) aufgelegt worden waren. Als Verband fungirte eine Guttaperchadecke, die mit Celloidin an den Rändern gut fixirt worden war. Nach 10 Tagen Entfernung. Wunde beinahe geheilt; die Stückchen kleben alle, missfarbig weiss und gelblich, von Sekret unterspült, am Gummistoff.

b) positive Versuche.

Versuch VI.

Der Patientin war das Unglück passirt, sich siedendes Wasser über die linke Hand und den Arm zu schütten.

Es hatte sich sofort anfänglich Blasenbildung am Handrücken gebildet. Am Arme blos Erythem. Unter Salbenbehandlung stiess sich die mortificirte Blasendecke allmählich ab und es zeigten sich mehrere ziemlich umfängliche Brandgeschwüre, deren Grund 12 Tage nach der Verletzung sich mit guten, nicht zu üppigen Granulationen überzog. Da die Sekretion nicht mehr sehr stark war, wurde der Transplantationsversuch am 5. II. 87. gemacht. Es wird die grösste der zwei Wundflächen, welche beinahe den Umfang eines Thalers hatte, zuerst nach Sublimat-Ueberrieselung sorgfältig abgetrocknet und nun 6 länglich viereckige, schmale Streifchen Schalenhaut mit der Schalenseite nach unten gelegt und zwar so, dass vier an die Peripherie hinkommen und zwei in's Centrum; sie werden gut angedrückt.

Sie legen sich gut an und lassen sofort die Farbe des unterliegenden Gewebes transparent erscheinen. — Ueber die ganze Fläche wird nun ein perforirter Silklappen gelegt, über diesen eine dünne Schichte trockener Watte mit einer Lage Guttapercha-Papier und auf das zuletzt ein grosser Wattebausch mit Binden fixirt.

Nach 6 Tagen (11. II. 87) wird der Verband aufgemacht. Die untere Watteschichte ist wenig mit Sekret befeuchtet. Nach vorsichtiger Entfernung des Silk's ergibt sich, dass die 4 peripheren Stückchen und das eine mittlere gut haften, das sechste zeigt sich verschieblich von Sekret aufgehoben; es wird sofort entfernt. —

Die Streifchen sehen alle succulent imbibirt aus und lassen die granulirende Fläche röthlich durchschimmern.

Drei von den peripheren hängen deutlich mit dem äusseren Epithelsaume zusammen und zeigen nach innen zu, wie von ihnen ausgehend, eine schmale, opake, ungefähr 1 mm breite Schichte, die offenbar auch aus anschiessendem Epithel besteht.

Zwischen dem centralen, das in seiner ganzen Ausdehnung von einem dünnen bläulich-rothen Epithelsaum, auf dem es fest aufsitzt, umzogen ist und dem ihm zunächst gelegenem peripheren (Streifen) hat sich eine mattbläuliche Epithelbrücke in der Breite gebildet. Verband wieder in gleicher Weise.

Nach 9 Tagen 20. II. 87 wird der Verband gelüftet; kaum bemerkbare Spuren von Sekret in der unteren Watteschichte. Nach Entfernung des Silk's zeigt sich die Wunde beinahe vollständig übernarbt. Von der Peripherie zieht sich ein breiter bläulich-rother Saum von jungem Narbengewebe herein, in dem die peripheren Stückchen eben noch zu erkennen sind. Sie sitzen fest unverrückbar im Gewebe und zeigen deutlich, dass von ihnen aus sich Epithelkreise in konzentrischer Anordnung gegen die Mitte zu gebildet haben.

Am schönsten ist dieses Verhältniss an dem isolirten centralen Streifen zu sehen, der mit seinem Nachbar jetzt durch einen ganz soliden Strang verbunden ist.

An der inneren Seite gehen aus den bogenartigen Linien

bandähnliche Streifen hervor, die ein stellenweise sich durchkreuzendes Flechtwerk bilden. Wunde bis auf eine minimale Spalte geheilt.

Versuch VII.

Es wird einem halbwüchsigen albinotischen Kaninchen nach vorausgegangener Rasur des Operationsfeldes auf der Stirne mittelst eines scharfen Löffels ein rundlicher $1^1/_2$ ctm. breiter Substanzverlust gesetzt; die parenchymatöse Blutung steht durch Compression.

Hierauf wird ein 3 mm. breites 8 mm. langes Schalenhäutchen in zwei Streifen geschnitten und einer mit der abgepinselten Eiweissseite, der andere mit der Schalenseite auf die Wunde gelegt (12 I. 87). Die sorgfältig angedrückten Streifchen lassen das unterliegende Gewebe wie immer durchscheinen; Farbe röthlich-weiss; keinerlei Verband.

13. I. 87. Thier munter. Beide Häutchen sitzen gut und haben sich nicht in der Farbe verändert.

14. I. 87. Sehr geringes Wundsekret; das eine Stückchen (Eiweissseite) hat sich gefaltet, liegt nicht mehr gut an und sieht etwas missfarbig weiss aus.

Das andere zeigt deutlichen Feuchtigkeitsgehalt und ist überall röthlich-weiss. An der diesem Stücke zunächst gelegenen Parthie des Wundrandes macht sich eine strahlige Zusammenziehung bemerkbar. —

25. I. 87. Das erste Stückchen ist viel mehr gefaltet; beim zweiten kaum eine Veränderung in ihm selbst; es zeigt sich in der ganzen Peripherie (der Wunde) der bläulich sich vorschiebende Epithelsaum.

18. I. 87. Der gefaltete Streifen ist geschrumpft, bräunlich von Farbe; er wird entfernt, an dieser Stelle ist eine circumscripte, milchweisse Trübung zu sehen. Das restirende Häutchen zeigt deutlichen Connex mit dem benachbarten Epithelrand. Es sieht succulent aus und lässt sich mit der Sonde absolut nicht ohne Gewalt entfernen. Farbe röthlich weiss-grau.

20. I. 87. Das Stück zeigt allseits deutliche Agglutination. Keine Beweglichkeit. Narbenrand weit vorgeschritten.

24. I. 87. Aussehen noch immer frisch. Auf der äusseren Seite geht der junge Narbensaum in die Membran hinein. An

der inneren Seite mündet ebenfalls ein Epithelstrang, der sich aber von dem anderen, peripheren Rande her gebildet hat.

30. I. 87. Wunde nicht mehr offen; Membran noch zu erkennen; Contouren diffus, Farbe röthlich. Es ziehen ziemlich viele gewucherte Stränge jungen Gewebes, stellenweise in radienartiger Anordnung, gegen diesen Punkt hin.

5. II. 87. Uebernarbung hat sich consolidirt; man kann das Stüchchen kaum noch unterscheiden.

Versuch VIII.

Es wird bei einem erwachsenen braungrauen Kaninchen nach Entfernung der Stirnhaare eine ungefähr daumennagelgrosse Brandwunde mit Schorfbildung angelegt. Am 4. Tage wird der Schorf weggerissen, worauf ein entsprechendes, ziemlich heftig blutendes Geschwür erscheint.

Da die bei Brandwunden erfahrungsgemäss oft ziemlich copiöse Secretion eine jetzt schon erfolgende Transplantation wahrscheinlich zu Nichte gemacht hätte, so wird die Wunde vorerst noch einige Tage mit Salbenverbänden, über die Heftpflasterstreifen applicirt sind, behandelt, bis sich an den Rändern deutlich der Heilungsprozess durch Auftreten des bekannten Epithelsaumes als endgültig eingeleitet erweist.

Nun, da die Sekretion als keine sehr starke sich zeigt, wird zum Transplantationsversuch geschritten.

14. II. Es werden 5 theils dreieckige, theils länglich viereckige schmale Streifchen (2 mit Eiweissseite, 3 mit Schalenseite nach unten) von Schalenhaut angelegt und zwar derart, dass sie gerade noch den Epithelsaum berühren.

Alle liegen gut an und geben das gleiche Bild wie jedesmal. Darüber wird nun eine entsprechende Decke von durchlöcherter Guttapercha gelegt, hierauf eine etwas grössere nicht perforirte Gummipapierlage mit einer sehr dünnen Watteschicht. Die Ränder werden mit Celloidin und Wattestreifchen fixirt.

Der Verband, der eigentlich auf längere Dauer beabsichtigt war ist locker geworden und wird desshalb abgenommen.

20. II. 87. Die Vernarbung hat ziemliche Fortschritte gemacht. Von den zwei Streifen, die mit der Eiweissseite nach unten lagen, hängt einer an der Decke, der andere findet sich noch in loco; er sieht weisslich aus und lässt sich schie-

ben. Die andern drei sitzen fest im Epithelrand, der ihre innere centrale Fläche noch nicht ganz erreicht. Zwei sehen succulent röthlich aus, einer entschieden weisslichgelb. Bei näherer Besichtigung erkennt man, dass dieser am Rande bloss festgeklebt ist durch Sekret, die innere Seite aber unterspült. Man kann mit einem Silberdraht seiner ganzen Fläche entlang fahren; also keine Adhäsion. Trotzdem bleibt dieser und der mit der Eiweissseite aufliegende auf seinem Platze. Verband wie oben.

Da der Verband diesmal über zwanzig Tage hält, so wird die Besichtigung erst am 16. III. 87 vorgenommen.

In der Umgebung hat sich eine entzündliche Reaktion eingestellt (wahrscheinlich in Folge des ziemlich massenhaften Aufklebens von Celloidin); minime Sekretspuren in der Watteschichte. Wunde völlig übernarbt.

Von den zwei Streifchen, die das letztemal blos noch der Beobachtung halber liegen geblieben waren, ist das erste (Schalenseite) grau missfarbig, gelbbraun, mit eingetrocknetem Sekret stellenweise überzogen und liegt gefaltet auf seinem Platze. Es hat hier offenbar die etwas massenhafte Anhäufung des puriformen Sekretes die Anehnung zur Verwachsung verhindert. Das zweite (Eiweissseite) hat sich nicht sehr verändert; etwas aufgerollt, klebt es an der Guttaperchadecke an und sieht weissgelblich aus, jedenfalls viel besser konservirt als das andere.

Die zwei inhaerenten gewähren folgenden Anblick: Auf der mit leicht strahligen Bindegewebszügen durchkreuzten lebhaft rothen Narbe lassen sich an der Stelle, wo früher diese Stückchen sichtbar waren, kaum Spuren von Umrissen erkennen. Von einer eigentlichen Eigenfarbe ist keine Rede mehr. Man kann eine der Grösse des transplantirten Stückes ungefähr entsprechende etwas röthlich-weiss durchschimmernde Erhabenheit wahrnehmen, die sich von der Umgebung höchstens noch dadurch auszeichnet, dass sie etwas reichlicher vascularisirt erscheint. —

Es kann also als möglich gedacht werden, dass die Membran zu Bindegewebe wird oder dass sie wenigstens sich mit Bindegewebe überzieht. Wir werden später sehen, dass das Erstere das Wahrscheinlichere ist, da eine Resorption zu dieser Zeit noch nicht eingetreten ist.

Versuch IX. 12. II. 87.

Dieser Versuch wurde lediglich desshalb inscenirt, um definitiven Aufschluss zu bekommen über das Verhalten der Membran bezüglich der Anheilbarkeit bei vollständiger Indifferentlegung durch Eierweisses. Es wird einem erwachsenen Kaninchen auf der Stirne ein Substanzverlust von $1 \times 1^1/_2$ cm. Breite durch Wegpräpariren der Haut — das Periost bleibt unberührt — beigebracht.

Nachdem die Blutung durch Compression gestillt ist, werden 4 kleine Dreiecke von Schalenhaut, die eine halbe Stunde lang in frischem Eierweiss gequirlt worden waren, so dass sie vollständig davon überzogen sind, mit der Schalenseite (die Eiweissseite war vorher durch einen farbigen Punkt gekennzeichnet worden) auf die Wunde gut ausgebreitet gelegt, was mit einiger Schwierigkeit verbunden ist, wegen des Zusammengerolltseins.

Das Gewebe scheint wieder ziemlich gut durch die bedeckenden Schichten durch. Verband darüber ein Guttaperchaviereck mit Celloidin fixirt.

Nach 12 Tagen Entfernung der Decke, an der theilweise eingetrocknetes Sekret klebt, 24. II. 87.

Die Wunde zeigt sich ganz reactionslos in der grössten Fläche schön von dem Rande her mit jungem Narbengewebe überzogen. Die vier Schalenhautstreifchen liegen beinahe unverändert, weiss von Farbe, vielleicht mit einer leicht-gelblichen Beimischung, über den gebildeten Gewebe, leicht verschieblich, ohne jede Cohäsion.

Es sieht aus, als ob sie sich in ihrer Albuminschichte unbeeinflusst gut konversirt hätten. Nirgends eine Quellung, nirgends eine Imbibition.

Epikritische Betrachtungen zur zweiten Versuchsreihe.

Auf den ersten Blick fällt uns bei dieser Reihe [1]) derselbe scharfe Contrast auf, wie wir ihn bei der ersten fanden. Wir sehen die ersten fünf Versuche vollständig negativ, die zweiten drei ziemlich rein positiv, den letzten wieder resultatlos verlaufen.

Man hätte sich eventuell als Ursache denken können, dass die Einleitung der Organisirung möglicherweise durch accidentelle Verunreinigung des Materiales oder der Wunde verhindert worden sei, allein, da die Wunden immer ohne jede consecutive Reaction blieben, sich nie und nirgends Symptome der Coccencinwanderung manifestirten, so muss dieser Gesichtspunkt füglich als unmassgeblich betrachtet werden.

Es kann zur Erklärung kaum ein anderer Grund hiefür in Frage kommen, als das früher schon geschilderte eigenthümliche Verhalten der Membran, blos von der Schalenseite aus für Imbibitionsvorgänge zugänglich zu sein.

Gleich wie die ersten zwei Versuche am menschlichen Trommelfelle scheiterten, so verlaufen hier die ersten fünf völlig negativ, trotz des meist guten Nährbodens.

Sowie aber der Membran die obengenannten Bedingungen erfüllt werden, wird sie sofort in den Stand gesetzt, sich als transplantables Material zu zeigen.

Sie ist nicht blos cohaerent mit ihrem jetzigen Mutterboden, sie trägt stellenweise selbst zur Narbenbildung bei, indem wir sehen, dass sich um die imbibirte Haut Kreise von jungem Narbengewebe bilden, die, oft von einem transplantirten Stück zum andern sich ziehend in die Schalenhautstreifchen selbst sich einsenken, nicht darunter münden. Ja wir können für die späteren Stadien, allerdings jetzt noch anticipiendo behaupten, dass nicht mehr blos eine Imbibition, wie wir sie z. B. auch bei Knorpeltransplantationen im Anfange bei frischen Gelenkknorpelwunden in Folge der Durchtränkung mit blutfarbstoffhaltigem Serum wahrnehmen können, stattge-

---

1) Die Experimente sind auch gerade wegen des Contrastes in dieser Weise geordnet.

funden hat, sondern eine wirkliche Vaskularisirung. Natürlich muss die Imbibition mit seröser Flüssigkeit und lymphoiden Zellen zuerst vorausgehen, aber in je vollkommenerer Weise dies der Fall ist, um so bälder und besser wird mit ihr die Gewebeneubildung und die Vaskularisation als Endresultat in's Leben treten können.

Immerhin können wir, ohne viel vorzugreifen, mit Sicherheit behaupten, dass die Schalenhaut ein transplantabler Körper ist. Ob sie jetzt als dieser länger fortbesteht oder wie das immer der Fall ist, schliesslich dem Organismus völlig assimilirt wird, ist sowohl für die Wunde als die Perforationsheilung völlig gleichgültig. Jedenfalls erfüllt sie, indem sie sich der jeweiligen Lokalisation in ihren Eigenschaften als umbildbares Gewebe anpasst, vollständig die an sie gestellten Forderungen einer künftigen physiologischen Funktion. Auf der früheren Wunde bildet sie einen soliden Narbenstrang, aus der früheren Trommelfellücke wird eine abgeschlossene Narbe, die Membran selbst ist Narbe geworden. —

Dass sie nun **wirklich einheilt** und **wie sie einheilt**, welche Stadien sie von der ersten Agglutination bis zur völligen Vascularisation und zu ihrer Auflösung in Narbengewebe durchläuft, soll durch die dritte Versuchsreihe nach histologischen Grundsätzen erörtert werden.

Sehr lehrreich und für die obenangeführte These, dass die Anheilung durch Colloidstoffe verhindert werde, ist der 9. Versuch geradezu beweisend.

Hier sehen wir, trotzdem die **Schalenseite** auf eine frische Wundfläche gebracht wird, keine Spur einer Verklebung, geschweige denn eine Organisirung.

Wir müssen daraus folgern, dass die Albuminschichte sich innig in die Interstitien der Membran hineinlegt und eben dadurch ein Eindringen des Säftestromes in die Membran, eine Filtration unmöglich macht.

Bei einem Versuch, der gelingen soll darf also unter keinen Umständen weder die durch **Abpinselung** ihres **Albumin Gehaltes ungefähr entledigte Eiweissseite** zur Verwendung gelangen, noch darf je die Schalenseite mit **Eiweiss bestrichen werden.** —

Versuche dritte Reihe.

Implantation von Schalenhaut bei Thieren.

Obwohl wir aus den ersten zwei Versuchsreihen die Möglichkeit, ja die Wahrscheinlichkeit der Anheilung der Schalenhaut ableiten können, so waren doch diese Experimente, als gewissermassen blos makroskopische auf keinen Fall im Stande, die Frage der Organisirungsmöglichkeit in ihrem ganzen Umfange zu lösen, d. h. strikte zu beweisen.

Da sich ausserdem noch im Laufe der Untersuchungen herausgestellt hatte, dass die beiden Seiten der Schalenhaut sich durchaus nicht gleichwerthig verhielten, musste nach einem Modus gesucht werden, der es ermöglichte, die Inosculationsfähigkeit der Membran im Allgemeinen klar zu legen und zugleich das Verhalten der beiden Seiten gegenüber dem Nährboden näher zu beleuchten.

Beide Bedingungen konnten nur erfüllt werden durch die Implantation, durch die Versenkung des zu organisirenden Stückes in eine dem Einfluss des thierischen Gewebes von allen Seiten zugängliche Tasche.

Ehe wir nun zu den Versuchen und ihren Consequenzen selbst übergehen, möge es gestattet sein, erst einige vorbereitende Bemerkungen über das thierische Material, über den Modus selbst und über die histologische Technik vorauszusenden, um Wiederholungen vorzubeugen.

Als Material wurden meist Meerschweinchen, in einigen Fällen Kaninchen (wegen der weiteren Lumina der Gefässe bei den Injektionen) benützt.

Als Ort der Implantation wurde regelmässig die Stirnfläche gewählt, weil dieser Punkt bei Käfigthieren relativ am besten gegen Verunreinigungen von Seite des Thieres geschützt ist.

Der Modus der Vornahme war, da meiner Ansicht nach das Terrain wohl aseptisch, aber nicht antiseptisch sein durfte (ich habe bei nur etwas energischer Anwendung der gewöhnlich gebrauchten Antiseptika bei anderen Gelegenheiten meist schlechtere Resultate erzielt als ohne sie) meist folgender:

Die Stirnhaare werden bei den mit einem grossen Handtuch, das noch überdies mit Binden fixirt ist (wenigstens bei den störrischen Hasen) umwickelten Thiere mittelst Scheere und Rasiermesser entfernt. Nun wird das meist rautenförmige Operationsfeld erst mit Schwefeläther gut entfettet, dann mit einem ziemlich nassen Sublimatbauschen (1:1000) leicht abgewaschen und das Sublimat hierauf wieder mit absolutem Alkohol (dem event. eine Spur Jodtinktur zugesetzt werden kann) entfernt.

Die Instrumente liegen in Alkohol und werden vorher abgewischt.

Mit einem feinen Skalpell wird die Haut in der Länge von ungefähr $1\frac{1}{2}-3$ ctm. gespalten und mit Scheere und Pincette eine Tasche gebildet, in welche die Schalenhaut versenkt wird, mit möglichster Berücksichtigung der glatten Lagerung. Hierauf wird die Wunde mit einer bis zwei Knopfnähten, die meist schon gleich nach Anlegung des Schnittes, wegen der leichten Verschieblichkeit der Membran, durchgezogen wurden, vereinigt.

Das Thier wurde dann in den im Versuche angegebenen Zeitraum durch Chloroform oder Verblutung getödtet, die fraglichen Parthieen durch einen myrthenblattförmigen Schnitt bis auf Periost vom Cranium abgetragen und noch lebenswarm in Müller'scher Lösung fixirt, aber nur durch verhältmässig kurze Zeit. Die Härtung geschah[1]) nach dem gründlichen Auswässern in allmählig verstärktem Alkohol im Dunkeln.

Da die Objekte ziemlich delikater Natur waren, so lag es auf der Hand, dass die allgemeine Methode etwas modificirt werden musste. Es hätten mancherlei Verfahren (Celloidin, Glycerin, Eiweiss etc.) angewendet werden können, aber ich zog es vor, die Präparate in toto zu färben, was auch nie misslingt, wenn man seine Farben beherrscht. Es wurde dieses Durchfärben gewonnen durch folgende Farbenmischungen:[2])

---

1) Von dieser allmähligen Härtung, sowie der Chromfixation mache ich seit $1\frac{1}{2}$ Jahren sehr selten mehr Gebrauch.

2) Für Interessenten gestatte ich mir die näheren Vorschriften anzuführen:
1. Boraxcarmin, dieser weicht von der gewöhnlichen Zusammensetzung

1) Borax-carmin
2) Borax-lithion-carmin
3) Picro-carmin
4) Hämatoxylin

Die Einbettung geschah regelmässig in der bekannten Weise, nach der Bergamottöl-Paraffinmethode in Thermostaten. Es musste nach dem Zerlegen durch das Mikrotom eine Methode gewählt werden, bei der die theils in Serien angeordneten Schnitte möglichst in ihrer Lage erhalten werden konnten. Behufs dessen wandte ich ein Verfahren[1]) an, das vielleicht bis

---

ab durch einen starken Zusatz einer 5% Lösung von Acid. acet. glaciale (25 cbctm. auf 150 Carminlösung,) so dass die Mischung sofort einen hellrothen ganz durchsichtigen Ton annimmt.

2. Boraxlithioncarmin, eigene Modifikation. In 100 cbctm. einer kaltgesättigten Lithioncarbonicumlösung werden 1,5 gr. Borax, der mit 0,75—1,0 Carmin verrieben ist, durch Erwärmen gelöst.

3. Hämatoxylin, (eigene Modifikation) das ich mir bereitet hatte durch Einträufeln einer konzentrirten Amoniak-Alaunlösung zu 30 cbctm. einer gesättigten, wässerigen Hämatoxylinlösung. Nachdem der Farbenumschlag eingetreten ist wird das Ganze mit 200 cbctm. Wasser verdünnt. (Ist vor Ablauf von 4 Wochen kaum zu gebrauchen.)

Die beiden ersten Farben geben bei richtiger Behandlung eine sehr schöne, überall gleichmässige Kernfärbung. Wenn die Stückchen nun 2—4 Tage in der Mischung gelegen (in der zweiten dürfen Stücke von höchstens 0,5 ctm. Seite ohne Schaden nicht länger als 2 Tage bleiben) werden sie mit Salzsäurealkohol völlig differenzirt, was in spätestens 18 Stunden, beim Boraxcarmin schon nach 1—2 Stunden der Fall ist. Die Nachhärtung erfolgt nun in 70% Alkohol, der durch Pikrinsäurezusatz zugleich die schöne, für diese Versuche sehr werthvolle Doppelfärbung bewirkt. Einige Stunden vor dem Einbetten Einlegen in absoluten Alkohol, der zur Erhaltung der Doppelfärbung ebenfalls mit etwas Pikrinsäure versetzt werden kann.

Ebenso wirkt das Hämatoxylin, indem die Stücke bis zu 8 Tagen liegen müssen, blos ist das in der Nachbehandlung noch difficiler. Es gelingt am Besten, wenn man das Gros der Ueberfärbung durch 10 minutenlanges Einlegen in $\frac{1}{2}$% Säure-Alkohol auszieht und das übrige blos durch Wasser besorgt, dem man, soll Doppelfärbung erzielt werden, Eosin in mässiger Weise zusetzt.

[1]) Der gesäuberte Objektträger wird leicht über eine Flamme erwärmt, hierauf in die Mitte desselben eine Spur Nelkenöl und 2—3 kleine Tropfen einer konzentrirten alkoholischen Schellacklösung mit der Fingerbeere verrieben, bis sich eine klebende Consistenz bemerkbar macht.

Auf dem so präparirten Objektglase werden nun die Schnitte der Reihe nach mit dem Pinsel angedrückt und aufgerollt. Jetzt bleiben noch zwei

bis jetzt noch nicht so in die Oeffentlichkeit gedrungen ist, wie es seiner bequemen und exacten Ausführung nach verdient. — Zwei von den Thieren wurden länger am Leben gelassen, das erste, ein erwachsenes Kaninchen wurde am 42. Tage durch Verblutung getödtet. Nach Durchschneidung der Aorta abdominalis und gehörigem Einbinden der Canülen in die beiden Carotiden wurde die Injektion bei vorgewärmtem Körper mit Carminleim glücklich gewonnen, so dass die aufregende Mühe, die jeder der je mit farbigem Leimmassen operirt hat, zur Genüge zu schätzen wissen wird, reichlich durch das herrliche Bild aufgewogen wird. (Drei Versuchsthiere waren schon früher in Folge Missglückens dieses Experimentes unbrauchbar geworden.)

Die Fixirung wurde hier in Alkohol und die Färbung mit Hämatoxylin vorgenommen.

Das zweite, ein Meerschweinchen wurde behufs längerer Beobachtung wegen des Schicksals der Membran bis zum 56. Tage am Leben erhalten.

Es sollen jetzt die Versuche kurz der Reihe nach folgen und dann erst das genauere histologische Detail erörtert werden.

Ver. I. 9. II. 87.

Erwachsenes Cavia cobaja. Implantation von einem ungefähr 1×3 mm. grossen Schalenhautstück mit der Eiweissseite nach unten. Eine Seidenknopfnaht. — Naht am 3. Tage ab. — Tod am 5. Tag durch Chloroform. —

Makroskopisch: Wundränder gut verklebt ohne sichtbare Eiterung, ohne Reaktion.

Bedingungen zu erfüllen: das Paraffin muss aus den Schnitten wieder ausgezogen werden, die überdies ja noch nicht aufgehellt sind. Beides wird zu gleicher Zeit bewerkstelligt, indem auf die beklebte Fläche einige Tropfen reines Terpentinöl geschüttet und der Objektträger so über einer Flamme leicht hin und her bewegt wird, bis die Lösung und Klärung eingetreten ist. Nach nochmaliger Abspülung mit Terpentinöl wird ein Deckglas mit Balsam aufgelegt. Man kann so ganz bequem Serien von 60—100 und mehr Schnitten ganz untadelhaft neben einander anbringen.

An dem excidirten myrthenblattförmigen Stückchen befindet sich die implantirte Haut auf der Unterseite als deutlich sichtbares Viereck, jedoch wie von einem matten Schleier verdeckt und von einer Gewebeschicht überzogen; allenthalben ist lebhafte Reaktion zu erkennen.

Ver. II.

9. II. 87. Implantation wie bei I.; Tod am 8. Tage. — Verhältnisse noch sehr ähnlich den ersten; nur vielleicht eine noch stärkere Hyperämie der Umgebung.

Ver. III.

25. II. 87 Implantation wie oben. — 2 Nähte. — 4. Tag Suturen ab; der vordere (nasale) Wundrand klafft etwas.

Tod am 10. Tage. — Die Membran scheint von einem wallartigen Geweberahmen eingefalzt, so dass ihre Ränder nicht mehr so klar sind.

Ver. IV.

25. II. 87 idem. — Tod am 12. Tag. — Wundränder völlig geschlossen; Reaktion überall deutlich; das Stückchen sieht matt durch wie von einer pterygiumartigen Schichte überzogen; mit der Pincette lässt sich deutlich Adhäsion nachweisen.

Ver. V.

6. II. 87. idem. Tod am 18. Tag. — Wunde ohne eine Spur von Eiterung geheilt. Auf der Unterseite sind die Contouren der Schalenhaut eben noch zu sehen. Ein wallartiger Saum umzieht in breiter Schichte das Stückchen. Mit der Loupe starke Vaskularisirung.

Ver. VI.

25. III. 87. Zu diesem Experiment war ein erwachsenes weibliches Kaninchen genommen worden. —

Es werden auf der Stirnfläche des Schädels 2 ca. 2 ctm. lange Schnitte parallel neben einander mit 1½ cm. Brücke geführt.

In die gebildeten Taschen wird je ein Schalenhautstreifen eingeführt von der früheren Grösse. Je zwei Suturen, die schon vorher angelegt waren. — Wundverlauf ganz reaktionslos. Nähte am 6. und 8. Tage ab. An der rechten Schnittfläche eine kleine Kruste. — Isolirung. — Vollständiges Wohlbefinden. — Tod am 42. Tage durch Verblutung.

Die zwei ausgeschnittenen Stückchen lassen die Membran als solche eben noch erkennen. Die Contouren sind ziemlich undeutlich; starke Bindegewebsentwicklung, Vaskularisation in Folge der Injektion sehr gut zu erkennen.

Ver. VII.

20. III. 87. Cav. cob. gravid. Eiweissseite nach oben! Tod am 56. Tag. Von dem implantirten Stück ist nichts mehr zu sehen. Ein länglicher stark vascularisirter Wulst deutet seine frühere Stelle an. —

Betrachten wir nun die Veränderungen, die sich im Gewebe und der Membran in verschiedenen Zeiträumen der Reihe nach sich abspielen, so finden wir:

I) 5. Tag (Hartnack $\frac{Oc. II}{Obj. 4}$.) Die Schnittrichtung ist noch sehr deutlich sichtbar als trichterförmige Grube. Die trotz der nicht differenten Färbung unverkennbare Membran liegt bogenförmig gekrümmt in der Tasche mit der Eiweisseite nach unten. Besonders an der von der Trennungslinie nach rechts gebogenen Schalenoberseite zeigt sich deutlich agglutinirendes Gewebe, das sich hier enge an die Schalenhaut, in der man schon bei dieser Vergrösserung punktförmige Elemente wahrnehmen kann, die der Membran nicht selbst zu eigen sein können, anlegt. Die untere, Eiweissseite ist völlig frei und durch einen Spalt vom Gewebe getrennt. Sonst befindet sich das anliegende Gewebe im Stadium der Reaktion.

Betrachten wir nun mit $\frac{Oc. II}{Obj. 7}$, so sehen, wir, dass sich, wenn wir die Membran als Centrum annehmen, am weitesten weg von ihr eine ziemlich schmale Schicht plastisch infiltrirten Gewebes findet; an diese schliesst sich eine mit massenhaften Rundzellen durchsetzte, breitere Schichte an und die Verbindung dieser letzteren mit der Membran erfolgt durch eine Zone, vide Fig. 2 die sich wie embryonales Schleimgewebe verhält. Fassen wir nun diese Schichte und die Haut näher in's Auge, so können wir deutlich konstatiren, dass sich das Myxom-Gewebe in bogen- und arkadenartigen Linien an die Membran hinzieht, sie an ihrer oberen Seite zerklüftet und zwischen die Faserinterstitien hineindrängt.

Die Membran selbst bietet ein wesentlich anderes Aussehen. Wir wissen ja, dass in ihr absolut keine Zellen oder Zellderivate existiren, jetzt aber finden wir allenthalben in der ganzen Länge des implantirten Stückes die Fasern stellenweise auseinandergewichen und zwischen ihnen eingelagert deutliche, intensiv gefärbte, scharf contourirte Zellen, die einen kleinen rundlichen soliden Kern ohne eigentliches Kernkörperchen besitzen.

Wir müssen wohl annehmen, dass wir hier lymphoide Zellen vor uns haben, die eben blos auf dem Wege der Einwanderung hereingekommen sein können. Man könnte den Einwurf erheben, dass hier eine Täuschung vorliege und es sich um Faserquerschnitte handle, allein ganz abgesehen davon, dass diese nie diese Farbenreaction geben und natürlich auch keinen Kern besitzen können, werden wir schon in den nächsten Präparaten den sichtbaren Beweis finden. Hier sind die Membranbündel gelblich, die Leukocyten aber roth.

Dermassen gestalten sich die Verhältnisse auf der Schalenseite.

Zwischen der Eiweissseite und seinem Nachbargewebe liegt ein Spalt. Es ist möglich, dass dieser breite Spalt artefact (beim Schneiden) entstanden ist; jedenfalls aber ist hier keine Annäherung beider Gewebe dagewesen. Es ist das erste Anzeichen des eigenthümlichen fremdkörperartigen Verhaltens der Eiweissseite, wofür wir gradatim im weiteren Verlaufe die exacten Daten geben werden.

II. 8. Tag.

Schwache Vergr. II $\frac{\text{Oc. II}}{\text{Obj. 4.}}$

Die Schnittöffnung ist mit plastischem Transsudat erfüllt; es ist prima intentio der Wunde eingetreten. Die Membran liegt, diesmal durch die gelbe Farbe stark kontrastirend, wieder bogenförmig im Gesichtsfeld. Sofort fällt uns dabei das eigenthümliche Verhalten der Schalenseite auf: sie zeigt sich in ihrer ganzen Ausdehnung innig dem ganzen Gewebe angeschmiegt. Dieser Schalenrand tritt ausserdem noch durch seine eigenthümliche Färbung hervor; während die übrige Membran mit Ausnahme der eingewanderten rothen Zellen, die gelbliche Pikrinfarbe aufweist, ist diese Längsseite überall deutlich mit Carmin tingirt. Die gegen innen liegende Eiweissseite ist gelb. Die Trennung zwischen dem Nachbargewebe existirt auch hier. —

Wir können unterscheiden, wie auf der Schalenseite das embryonale Schleimgewebe eine mächtige, direkt übergehende Schichte bildet, gegen die Eiweissseite zu aber blos einen bandartigen schmalen Streifen, der an manchen Stellen in der Richtung des implantirten Körpers eine homogene, amorphe Beschaffenheit annimmt; wir haben hier ein Stück **nekrotischer Fibrinschichte**, ein striktes Zeichen, dass von **dieser Fläche aus die Membran von Seite des Organismus als Fremdkörper betrachtet werden wird.**

Fig. 3   Starke Vergr. H. $\frac{\text{Oc. II.}}{\text{Obj. 8.}}$

Die vorhin beschriebenen Gewebearten zeigen noch keine grosse Veränderung. Ein sehr instruktives Verhalten finden wir an einigen Präparaten der Serie, auf denen sich die Membran nach aussen im Winkel geknickt hat, und zwar derart, dass die beiden Schalenseitenschenkel konvergiren und somit die Eiweissseite den Aussenbogen bildet.

Wir sehen nun diese dreieckartige Bucht nach innen (also Schalenseite) völlig ausgefüllt; es spannt sich das embryonale Gewebe in theils engen und theils weiten Bogen zwischen den zwei Schalenseiten aus und verbindet sie so gegenseitig.

Plasmahaltige grosse Zellen mit deutlichem Kern und Kernkörperchen wechseln ab mit kleineren.

Die Membran selbst, innerhalb deren wir in allen Richtungen die nicht zu missdeutenden Leukocyten wieder finden, lässt deutlich erkennen, dass das Fasergewirre der Schalenseite hie und da auseinandergewichen ist, für das sich zwischen seine Interstitien einlagernde Gewebe, das nun so kontinuirlich in die Membran übergeht.

Ein kleiner fadenartiger Theil der Haut ist durch das eindringende Gewebe geradezu abgehoben und man sieht sehr schön, wie sich die Zellzüge einlagern. Da sich dieses Ver-Verhalten im Grossen In continuo auf der Schalenseite fortsetzt, so müssen wir daraus ersehen, dass die intensive Rothfärbung der Membran nur auf diesem Vorgang beruhen hann.

Anders bei der Eiweissseite! In langen schmalen Bogen zieht die Schleimschichte um sie herum, ohne sie aber, nach innen zu eine Zone von nekrotischer Fibrinschichte begrenzt, je direkt zu berühren; hier ist die Membran ganz glatt, nirgends eine Aufwühlung der Fasern; hie und da können wir hier Zellformen finden, die, schon mehrkernig, den epitheloiden Charakter tragen und vielleicht als Vorläufer der späteren Riesenzellen zu betrachten sind.

III. 10. Tag.

Schwache Vergr. H. $\dfrac{Oc.\ II}{Obj.\ 4}$.

Gehen wir nur vorwärts in derselben Weise, so sehen wir jetzt die Schnittrichtung noch angedeudet durch das convergiren der Fasern und das ziemlich massenhafte Auftreten von jungem Bindewebe.

Nehmen wir wieder die Membran als Mittelpunkt an, so bemerken wir in bogenartigen Linien um sie herumziehend die drei früher beschriebenen Schichten; aber es hat sich eine Veränderung in Bezug auf ihre Massenverhältnisse eingestellt.

Während von der Narbe her das junge Bindegewebe sich in welligen Zügen in ziemlicher Stärke ausgeprägt zeigt, ist die embryonale Schleimschichte nach der Cutis zu bedeutend schmächtiger geworden.

Auf diese reduzirte Schichte folgt nun eine mächtige Zone granulationsähnlichen Gewebes, die in Continuo an die Membran, welcher nach dieser Seite vielfache Zerklüftungen und hie und da artefakt abgerissene Zellkörper zeigt, hinzieht. An manchen Stellen finden wir, ehe sich diese Züge in die Haut, in deren Binnenraum wir wieder viele Wanderzellen bemerken können, einsenken, grössere länglich angeordnete Zellpartieen, die sich bis jetzt noch wie kernhaltige Protoplasma-Anhäufungen ansehen.

Die Eiweissseite zeigt wieder den bekannten Spalt, der sie von der auch hier sichtbaren Granulations-Zone trennt; aber hier finden wir die letzte Schichte dieses Gewebes mit einer

Reihe neben einander lagernder grösserer vielkerniger Zellen ausgestaltet.

An einer Stelle bildet die Eiweissseite einen nach innen concaven Bogen, in welchen sich ein schon bei dieser Vergrösserung deutlich sichtbarer ganz kollosaler Protoplasmaklumpen etablirt hat.

Starke Vergr. H. $\frac{\text{Oc. II}}{\text{Obj. 7.}}$

Verfolgen wir nun das Verhalten jetzt wieder bei stärkerer Vergrösserung, so finden wir die eigenthümlich charakteristische Faserzeichnung der Membran nicht mehr so ganz deutlich ausgeprägt; allenthalben sehen wir die Leukocyten eingesprengt. An der oberen (Schalen-) Seite kommen uns nun die vorher angedeuteten grösseren Gebilde in's Auge; es sind grosse meist länglich angeordnete, offenbar epithelioide Zellen, die oft eine Anzahl von deutlich sichtbaren, manchmal wandständigen Kernen enthalten.

Zwischen diesen finden wir Zellen mit grossem, ovalem bläschenförmigem, hellem Kerne in spindelförmiger Anordnung; an manchen Exemplaren derselben vermögen wir einen oder mehrere pinselartige Fortsätze zu konstatiren, vermittelst welcher sie anastomosiren mit anderen gleichwerthigen.

Wir haben also offenbar hier ein und mehrkernige Bildungszellen vor uns.

Die grosse eigenthümliche Masse, die uns vorhin schon in ihrer Nische auffiel, repräsentirt sich jetzt als ein ganz Fig. Nr. 5 riesiger Protoplasma-Klumpen, wenigstens weiss ich ihn nicht anders zu bezeichnen; seine Contouren sind theilweise scharf, das Protoplasma körnig getrübt und enthält eine Unzahl von deutlichen runden Zellen, die stellenweise einen schönen Kern haben.

Auffallend in diesem Convolute ist noch eine ausserordentlich grosse rundliche Zelle, die mehrere nicht sehr deutliche Kerne enthält. In der Nähe dieses Conglomerates sehen wir noch Ueberreste eines ebensolchen, nicht so grossen wahrscheinlich artefakt zerrissenem Protoplasma-Klumpens.

Ich möchte diese Form als die der Fremdkörperriesenzelle κατ' ἐξοχήν bezeichnen.

IV. 12. Tag.

Starke Vergr. H. $\frac{Oc. \ II}{Obj. \ 8}$.

Die Zeitdistanz zwischen diesen und dem letzten Präparate ist eine zu kleine, als dass wir weitgehende Unterschiede gegen das vorhergehende Stadium konstatiren könnten Das Bild ist demgemäss auch ziemlich ähnlich.

Die Gewebeschichten sind sehr wenig verändert nur hat die Granulationszone auf beiden Seiten der Membran an Mächtigkeit noch gewonnen; ihre nach aussen zu liegende Schichte hat schon mehr den Charakter des jungen Bindegewebes angenommen, während wir nach innen zu noch eine grosse Reihe von schön ausgeprägten oft spindelförmigen, Fibroblasten wahrnehmen.

An und in die am Rande oft wie zerfaserte Membran, die überdies natürlich wieder eingewanderte Leukocyten enthält, selbst eingelagert finden wir ziemlich zahlreich die grösseren vielkernigen, epithelioiden Zellen, unter denen die abenteuerlichsten Gestaltungen vertreten sind, wir sehen spindel-, kolben-, stern-, huf- und keulenartige Gebilde vor uns. Besonders schön ist das Verhalten dieser Zellen an manchen keulenförmigen illustrirt, während der Stiel der Keule in eine Faser der Schalenhaut übergeht, streckt sich der zweikernige Körper nach aussen zu in 2-3 feine haarartige Fortsätze, die ihrerseits wieder mit den Emissarien zweier einfacher Fibroblasten communiciren. Fig. 4 Fig. 6

Diese Vorgänge wiederholen sich übrigens ziemlich häufig am ganzen Rande, indem man fast konstant die einkernigen Fibroblasten durch etliche Fortsätze mit den vielkernigen Bildungszellen zusammenhängen sieht, so dass wir durch diese Anastomosenbildung einen deutlichen Einblick in die sich eben abspielende Gewebeentwicklung bekommen.

Kleine, wanderzellenähnliche Gebilde betheiligen sich nirgends an dem Prozesse in dieser Tiefe; es sind lauter schöne, grosse, theils spindel- theils keulenförmige Zellen mit ihrem grossen, deutlichen, ovalen Kern, die oft in mehreren Schichten übereinanderlagern.

Fig. 7   V. 18. Tag.

Starke Vergr. H. $\frac{\text{Oc. II}}{\text{Obj. 7 u. 8.}}$

In diesem Stadium finden wir nun eine wesentliche Veränderung gegen die Vorgänge des 12. Tages. Beginnen wir hier in der Membran selbst so fällt uns vor Allem auf, dass die faserige Struktur derselben sehr undeutlich geworden ist; sie ist weiter in toto gegen eine unimplantirte viel mächtiger, breiter geworden. Der ganze frühere Faserbau sieht wie gekörnt aus; die Fibrillen sind kaum mehr sichtbar. Wir können uns als Grund hiefür lediglich vorstellen, dass die Einwanderung von körperlichen Elementen von Seiten des Versuchsthieres, die übrigens an Zahl nicht sehr zugegenommen haben, so dass event. von einer Massen-Infiltration im Sinne einer patologischen Neubildung zu sprechen wäre, diese Erscheinung hervorgerufen hat. Es dies eben die Vorstufe der Umbildung in ein bindegewebeähnliches Stratum, wie wir es als Endresultat finden werden.

Die Schalenseite der diesmal leicht gekrümmt (in den tieferen Parthieen) implantirten Membran geht in Continuo in das Gewebe über.

Wir können keine scharfe Grenze zwischen beiden wahrnehmen; es ist keine blosse Agglutination mehr, nein, wir haben hier eine wirkliche Verschmelzung beider Gewebe, eine animale Greffe. Die grossen epithelioiden Zellen, die grösseren spindelförmigen Fibroblasten sind meistentheils geschwunden; blos an einzelnen Parthieen, an denen der Uebergang noch nicht endgültig vollzogen ist, finden wir diese Form noch vor. Offenbar hat also eine grosse Zahl von Bildungszellen ihr Ziel erreicht, sie sind zu Bindegewebszellen umgewandelt und bilden als solche in den implantirten Körper eine Brücke hinein, auf deren Basis wir später die Gefässe in die Membran eindringen sehen werden. Aber auch an den Stellen, wo wir noch die grösseren, mehrkernigen epithelioiden Zellen bemerken, sind wir im Stande klar zu beobachten, wie diese sich in gewissermassen retrograder Metamorphose befinden und zu verfolgen wie diese Umbildung gradatim sich abgespielt hat bis in das beinahe vollendete Gewebe hinein.

Die Eiweissseite verhält sich auch hier wieder völlig negativ. Ganz glatt ohne jede Spur von Auffaserung zeigt sie nirgends einen Uebergang, ja kaum Anlagerung; hie und da finden wir in ihrem Verlaufe einzelne langgestreckte, nicht scharf contourirte Protosplasmaanhäufungen mit Kernen, also offenbar eine reduzirte Form der früher beschriebenen Kolossalriesenzelle. Das Gewebe, das jetzt schon meist den Typus des fertigen Gewebes mit fibrillären Zwischensubstanz aufweist, zieht in scharfen Bogen daran vorbei ohne jeglichen Contakt.

VI. 42. Tag.

Schwache Vergr. H. $\frac{Oc. II.}{Obj. 4.}$

Es liegt ein relativ langer Zeitraum zwischen diesem und dem vorhergehenden Experimente, aber es musste im Interesse des Gelingens gelegen sein, eine längere Dauer des Versuches herbeizuführen, der als hauptsächlich beweiskräftig angesehen werden muss und auch der ärgste Skeptiker wird angesichts dieser durch das Experiment unwiederleglich erhärteten Daten die Beweisführung anerkennen, falls noch eine Spur von Zweifel vorhanden gewesen sein sollte.

Wir finden die Membran wieder in der alten Weise mit der Eiweissseite nach unten.

Das lädirte Gewebe ist zur Norm zurückgekehrt; die Veränderungen beschränken sich also lediglich auf die den implantirten Körper zunächst umgebenden Strata.

Schon bei dieser Vergrösserung können wir wahrnehmen, wie das junge an manchen Stellen stark gekörnte Gewebe längs des ganzen Randes der Schalenseite ohne jegliche Unterbrechung sich in diesen einsenkt, mit ihm ein untrennbares Ganzes bildet; des weiteren wie die Membran, die ja doch von Hause aus weiss ist, gegen den Schalenrand bis in die Mitte hinein eine röthliche Verfärbung zeigt und je weiter wir gegen die Peripherie vordringen, desto intensiver wird diese Färbung.

Wir sehen jetzt schon deutlich die Gefässe, durch ihren Carmininhalt gekennzeichnet, sich nicht blos in der Nähe der Membran anlagern, wie das bei der Kapselbildung um Fremdkörper meist zu geschehen pflegt, nein sie dringen in sie ein; sie ist durch Gefässbahnen mit dem Mutterboden verbunden.

Auf der entgegengesetzten Seite ist das Verhalten nicht so. Der Spalt, der immer die Trennung kennzeichnete, existirt noch, wenngleich er, erheblich schmäler geworden, sich mit Gewebe ausgefüllt hat, das hie und da bis an die Membran hinreicht.

H. $\dfrac{\text{Oc. II}}{\text{Obj. 8.}}$

Bei starker Vergrösserung haben wir, ehe wir zu der die Schalenhaut nach oben umgebenden Schichte gelangen, einen Längsstreifen fertigen Bindegewebes mit seinen fixen Zellen ganz frei von riesenzellenähnlichen Gebilden, in und über dem kräftige Gefässstämmchen sich ausbreiten. Nun kommt uns die in die Membran übergehende Zone in's Auge, relativ zellreich; es sind theils scharf contourirte, deutlich tingirte, rundliche Zellen mit einem kleinen Kern, theils längliche mit grösserem blassen Kerne. Vielleicht überwiegen die Ersteren etwas an Zahl; besonders gerne sind sie längs der Gefässwandungen anzutreffen.

In dieser Schichte nun treffen wir eine mächtige Gefässentwickelung, die sich bald in einzelnen oft durchschnittenen Zweigen der kleineren Arterien bald in arkadenartiger Anordnung der Arteriolen in ihrem Uebergange zu den Capillaren bemerkbar macht.

Fassen wir einige solcher perimembranärer Gefässbogen einer kleinen Arterie näher in's Auge, so finden wir, dass sie eben nicht blos längs der Membran verlaufen, sondern dass sie sich in diese einsenken, zwischen den Fasern derselben, die übrigens gegen früher ihren Typhus durch Quellung verändert haben, verlaufen, um schliesslich eine capillare Anastomose mit einer von einer anderen Arkade ausgehenden Arteriole zu bilden.

Fig. 8

Dieser Vorgang spielt sich beinahe bis in die Mitte der Membran von der Schalenseite aus ab, in deren ganzen Längsverlauf wir bei fast allen Präparaten dieser Serie ähnliche Gefässentwicklungen nachweisen können. — Wanderzellen sind auch jetzt noch zu bemerken, aber ihre Zahl hat abgenommen.

Nun zur Gegenseite. Sie ist trotz der langen Dauer ganz glatt geblieben. An manchen Pathien liegt sie völlig frei von Zellen gegen die Trennungsspalte hin, an anderen wieder zeigt sie Auflagerung von grösseren, meist mit hellen Protoplasmahof umgebenen grosskernigen hie und da spindelig angeordneten Zellen, die theils in einfacher Schichte, theils mehrfach übereinandergelagert den Contact dieser Seite mit dem vom Perikranium ausgehenden fibrösem Gewebe vermitteln. An einzelnen Punkten haben wir ähnliche Anordnung der Zellenanhäufung in perivasculären Herden wie bei der Schalenseite, die auch hier meist aus Rundzellen bestehen.

In dieser Zone finden wir auch deutliche injicirte Gefässstränge, aber nirgends im ganzen Längsverlauf der Eiweissseite können wir die Einmündung einer Gefässbahn bemerken.

Das wäre ja auch nur dann möglich, wenn wir, wenigstens an irgend einer Stelle, einen Uebergang der beiden Gewebe ineinander konstatiren könnten.

Allein, das ist nirgends der Fall, wo verbindende Zellen (ganz abgesehen von der zeitlichen Verschiedenheit derselben) überhaupt da sind, lagern sie höchstens an der Eiweissseite, nie aber sind sie eingedrungen und noch dazu sind sie meist in eine amorphe gleichmässige homogene Masse eingebettet, die wir wohl ohne Bedenken als nekrotische Fibrinschicht oder wenigstens als Residuum derselben betrachten dürfen.

VII. 56. Tag.

Die Membran liegt mit der Schalenseite auf der vom periostalen Ueberzuge des Schädels gelieferten Schichte. Auf den ersten Anblick hin konnten beinahe Zweifel sich erheben, ob sie überhaupt noch da sei. Bei näherem Zusehen jedoch (Starke Vergr.) vermögen wir sie zu entdecken, aber in einem ziemlich veränderten Zustande; man kann den Faserbau zwar eben noch unterscheiden. Die einzelnen Fasern aber zeigen Fig. 9 sich gegen früher gequollen, so dass die Membran, gut 3—4 mal so mächtig als früher, den grössten Theil des Gesichtsfeldes einnimmt. Von einer Grenze kann keine Rede mehr sein, wenigstens auf der unteren Schalenseite.

Die beiden Gewebe sind innig mit einander verschmolzen, gehen allseits ineinander über und zwar derart, dass ein wirres Geflechte von Zellen und Fasern entsteht. Die Membran ist mit der Schalenseite auf dem Perioste völlig angewachsen untrennbar mit ihm verbunden. Sie hat offenbar angefangen, die bindegewebige Metamorphose einzugehen.

Auch die Eiweissseite ist der Inosculation näher gerückt, allerdings nicht in dem Grad wie ihr Antipod. Das Gewebe drängt sich enge, ja oft beinahe bis zum Uebergange an sie heran. Es liegt innig auf aber trotzdem sind wir in der Lage, das Fehlen einer Verwachsung, also eine materielle Grenze konstatiren zu müssen.

In der ganzen Ausdehnung des Obenrandes (Eiweissseite) zieht sich, die Längsrichtung innehaltend, ein schmaler Gewebestreifen, der ausser wenigen, kleinen, spindeligen Zellen noch in der weit überwiegenden Mehrzahl ebenfalls kleine, aber rundliche, scharf contourirte, und stark gefärbte Zellkörper enthält. Zwischen diesen beiden Zellarten fällt eine eigenthümlich amorphe, hie und da minimal körnige Masse auf, die sich allenthalben in dieser Begrenzungszone findet.

Es mag sich hier wohl um Ueberreste entweder einer vom Organismus gelieferten nekrotischen Fibrinschichte oder um letzte Derivate eines die Eiweissseite in früherer Zeit überziehenden Albuminkörpers handeln.

Welches von beiden der Fall ist, dürfte wohl schwer zu entscheiden sein, kann aber jedenfalls für das Resultat der Versuche in dieser Beziehung auch ziemlich gleichgültig sein.

Das, was das Experiment beweisen sollte, hat es in seinem ganzen Umfange gethan.

Epikritische Betrachtungen zur dritten Reihe.

Es erübrigt nun noch für die oben beschriebenen Vorgänge einen Erklärungsmodus zu finden und die Schlussfolgerungen aus ihnen zu ziehen.

Wir können erstens wahrnehmen, dass von Seite des Versuchsthieres Reaktionserscheinungen ausgehen. Es sind ja bei der Ausführung der Versuche Läsionen erfolgt und es liegt naturgemäss im Bestreben des thierischen Organismus diese Trennung der Gewebe wieder auszugleichen. Bei diesen Reaktionserscheinungen wird es sich der Hauptsache nach, wie bei jeder frischen Wunde um Blutaustritt, Gefässdilatation und consecutive Ausscheidung einer lymphoiden Masse handeln.

In der allerersten Zeit (also in 24—48 Stunden) nach der Implantation wird der eingesetzte Körper in seiner ihm angewiesenen Tasche gewissermassen herumschwimmen, umgeben von dieser durch die Capillarerweiterung hervorgerufenen zellreichen Flüssigkeit.

Diese ersten Vorgänge aber sind, da wir es in Folge des bei den Versuchen wirklich zum mikroskopischen Ausdruck[1]) gebrachten aseptischen Wundverlaufes regelmässig eine prima intentio an dem Substanzverlust bekommen, in Bälde beendet:

Die Wunde ist vernarbt und wir müssen nun die in der Tiefe weiter sich abspielenden Prozesse auffassen als Fortsetzung der Reaktionserscheinungen, als Vorgänge theils regenerativer theils irritativer Natur; das Causalmoment für letztere gibt zweifellos der implantirte Körper ab.

Wir sehen nämlich ganz ähnlich wie bei den von Fischer (l. c.) angestellten Versuchen verschiedene Zonen sich um den Körper bilden.

Anfänglich (a. 5. u. 8. Tage) können wir noch als Ausdruck der reaktiv-regenerativen Betheiligung der Gewebe eine Schichte der plastischen Infiltration von der Peripherie her sich entwickeln sehen.

---

1) Die mittelst Gram'scher Methode angefertigten diesbezüglichen Controlpräparate bestätigen dies durchgehend.

Fig 2. An diese schliesst sich die rundzellenhaltige granulationsähnliche Zone an, die nach innen zu in das schleimartige Gewebe übergeht. Die Schichte des embryonalen Schleimgewebes sehen wir nun sich an die Membran heranziehen und zwar an die Schalenseite derselben. Es liegt kein Streifen einer nekrotischen Fibrinlage zwischen ihr. Aber wir finden weiter, dass sie sich hier nicht blos agglutinirt, sie geht in das Schalenhautgewebe hinein, es hat also jetzt schon der Anfang einer Verschmelzung beider Gewebe, einer Inosculation der Schleimschichte in die Fasern der Membran hinein stattgefunden.

Diese Vorgänge sind aber nicht bloss regenerativer sondern, wie schon oben angedeutet, auch irritativer Natur. Die Membran bleibt eben nicht ganz indifferent; sie wirkt mässig reizend auf ihre Nachbarschaft ein und wir sehen als Folge hievon, dass die umgebende, zellreiche Flüssigkeit in sie eindringt, ihre Fasern beginnen, allerdings leicht, zu quellen.

Es kann dies blos auf Basis des früher erörterten Filtrationsgesetzes erfolgen.

Wir bemerken weiter vom ersten Versuchstage ab bis zum letzten eine Einlagerung von körperlichen Elementen, die entschieden nicht der Membran als solcher angehören. Da wir wissen, dass die Faserstruktur der Membran jedes Innewohnen von vorgebildeten Zellen oder deren Resten ausschliesst, so müssen wir diese Körper als hineinfiltrirte betrachten. Wir können es blos mit eingewanderten Zellen zu thun haben.

Damit ist aber schon der erste Beweis geliefert, dass sich die Schalenhaut dem Organismus gegenüber, wenigstens von der Schalenseite aus nicht als Fremdkörper verhält, sondern dass sie die Voraussetzung einer wirklichen, reellen Organisation zu erfüllen im Stande sein wird.

Als für das Gelingen des Versuches nur von günstiger Prognose können wir den Umstand auffassen, dass die Leukocyteneinwanderung nie und nirgends eine massenhafte war; immer blieb sie eine relativ spärliche. Ganz abgesehen nämlich davon, dass wir an der Masseninfiltration mit weissen Blutkörperchen neben dem Auftreten von Coccen einen Gradmesser für den aseptischen Verlauf haben, müssen wir daran denken, dass eine Ueberfluthung mit Wanderzellen einen geradezu deletären Einfluss auf die implantirte Haut ausgeübt hätte. Im Gegensatze zu dieser Verschmelzung der Gewebe von der Schalenseite aus steht das Verhalten der Eiweissseite; hier finden wir eine Trennung von dem Nachbargewebe, keine An- oder Einlagerung. Dieser Spaltbildung wird noch überdies durch das Auftreten einer amorphen homogenen Masse, die event. zwischen beiden Grenzen zu vermitteln hätte, der unverkennbare Charakter gegeben.

Diese nekrotische Fibrinschichte bezeichnet die Eiweissseite als nicht organisirbaren Fremdkörper. vide Fig. 3

Gehen wir nun in der Verfolgung des Verlaufes weiter, so fällt uns jetzt auf, dass das embryonale Schleimgewebe immer mehr an Dichtigkeit abnimmt, am 10. Tage ist es schon sehr geringfügig geworden. An seiner Stelle hat sich die Zone des granulationsähnlichen Gewebes ausgebreitet und berührt jetzt in seiner ganzen Mächtigkeit die Membran nach oben zu. (Schalenseite).

Den Haupttypus dieser Schichte bilden theils runde kleine, theils länglich spindelförmig angeordnete Zellen mit hellem, ovalem, grossem Kern. An diese schliesst sich eine andere bis jetzt noch nicht aufgetretene Zellart an; es sind dies meist längliche hie und da plattgedrückte mehrkernige, oft vielkernige Zellkörper, offenbar epithelioide Zellen mit stellenweise wandständiger Anordnung der Kerne. Zweifelsohne sind es riesenzellähnliche Gebilde. vide Fig 4

Sind es Fremdkörperriesenzellen, die den Körper eliminiren sollen? Uns scheinen sie nicht in dieser Weise zu wirken, wie wir gar bald an der Weiterentwickelung dieser Zellform sehen werden.

Ich möchte im Gegentheil behaupten, dass jene Zellmasse, die wir auf der Eiweissseite in einer Nische eingebettet finden, den Typus einer Fremdkörperriesenzelle κατ' ἐξοχήν d. h. einer eliminirenden Zelle repräsentirt.

Sie unterscheidet sich ja schon durch ihr Verhalten; wir

haben hier einen ganz kolossalen Protoplasmaklumpen, dessen Contouren oft scharf gehalten sind.

Fig. 5 Das Protoplasma selbst ist diffus körnig und mit einer Unzahl von leukocytenähnlichen Zellen besetzt, welche bis auf einige wenige sich in der Grösse konstant gleich bleiben; diese etlichen grösseren aber besonders eine davon, stechen gerade durch ihren Grössenunterschied, speziell durch das Auftreten von 2—3 Kernen in der runden Zelle, von ihren Nachbarn ab. Es ist ja möglich, dass wir es hier mit einer blos quantitativen Verschiedenheit zu thun haben, jedenfalls aber sehen wir an den anderen, auf der Schalenseite gelagerten, Erscheinungen auftreten, die diesem Complexe eben durchgehends fehlen.

Verfolgen wir nun weiter jenes Verhalten der epithelioiden Zellen, da sie die hauptsächlichsten zu dieser Zeit in's Gesicht fallenden Punkte bilden, insbesondere schon desshalb, weil sie den in die Membran übergehenden Abschnitt des nach oben beinahe fertigen, nach unten noch in der Weiterentwickelung begriffenen Gewebes bilden.

Wir sehen also hier in der Tiefe einmal eine Reihe von schön ausgeprägten spindelförmigen Fibroblasten, die gegen die Membran zu in eine Zone der obenangedeuteten epithelioiden viel-
Fig. 4 kernigen Zellen sich auflösst.

Diese Zone nun ist von ausserordentlich interessanter Beschaffenheit und zugleich für das künftige Schicksal des implantirten Körpers geradezu entscheidend.

Fassen wir einige dieser mehrkernigen epithelioiden Körper z. B. die schon früher angeführte keulenförmige, zweikernige Zelle in's Auge, so sehen wir die nach unten stielartig verjüngte Partie derselben auf einige nach aussen über das Niveau herausgehende Fasern aufgelagert und zwar derart, dass sich in die Faserinterstitien protoplasmatische Substanz hineingelegt
Fig. 6 hat, sie also durch Zellkörpermasse mit einander in innigen Contakt bringend. Gehen wir nun dem Stiel entlang an den Körper dieser zweikernigen Zelle, so bemerken wir, dass diese Parthie in ihrer Aussencontour nicht mehr ganz glatt ist; sie hat etliche 2—3 haarfeine Fortsätze ausgesandt, die ihrerseits wieder in direktem Connex stehen mit ebensolchen pinselartigen,

welche ihren Ursprung den zunächst gelegenen grossen spindelförmigen Zellen verdanken. Weiter sehen wir noch, dass ausser diesen fertigen Anastomosen, von den gewissermassen umspinnenden Oberzellen haarfeine Ramificationen ausgehen, die sich bis ganz in die Nähe des Körpers der epithelioiden Zelle hin ziehen.

Durch dieses Verhalten, dass sich in der ganzen Längsfläche oftmals wiederholt, werden wir der Ueberzeugung genähert, dass diese zwei oder mehrkernigen Formen keine Zellen sein können, welche die Bestimmung haben, einen Fremdkörper als nicht assimilirbar zu kennzeichnen, sondern, dass wir es im Gegentheil mit Zellen zu thun haben, welche die direkte Vermittelung der Organisirung angebahnt, eingeleitet haben.

Die obenschichtigen spindeligen, sowie die unterschichtigen epithelioiden Gebilde sind offenbar Fibroblasten, aber blos auf verschiedener zeitlicher Entwicklungsstufe.

Wir können zwar den direkten Uebergang d. h. den Modus der Zellumbildung solcher einkerniger Spindelzellen in mehrkernige epithelioide nicht beweisen, weil wir ja im gehärteten und nicht speziell mit einer Zelltheilungsfiguren fixirenden Flüssigkeit behandelten Präparate nicht mehr die lebenden, sich unter dem Auge weiter entwickelnden Zellen zu beobachten im Stande sind, doch vermögen wir nach Analogie zu schliessen, dass die sich in der Tiefe des granulationsähnlichen Gewebes sich bildenden mehrkernigen Zellen gerade so gut Gewebbildner sein müssen wie die einfachen einkernigen, die den Charakter der als Fibroblasten weiter sich entwickelt habenden Leukocyten tragen.

Es hat eben wohl eine Theilung der Kerne vermöge der von Seite des implantirten Körpers hervorgerufenen irritativen Proliferation stattgefunden, während das Zellprotosplasma sich nicht an der Differenzirung betheiligte. Hiedurch wird das Entstehen dieser Gebilde am einfachsten erklärt.

Wir haben demnach blos einen graduellen, morphologischen, keinen substantiellen Unterschied zwischen diesen zwei Zellformen zu machen; diese mehrkernigen stellen in dem durch die Fremdkörpereinlagerung gewissermassen **pathologisch irritirten** Gewebe eben die embryonale Form vor.

Wir bekommen dadurch **mehr** und **grössere vielkernige Bildungszellen** als dies in einem völlig normalen d. h. nicht durch Implantirung gereizten Granulationsgewebe der Fall sein dürfte.

Als eliminirende Zellen können sie hier unmöglich wirken, dafür liefert uns schon das spätere, gerade von dieser Seite erfolgende Eindringen der Gefässe auf Basis dieser Zellkörper den strikten Beweis. Wir brauchen blos um Anhaltspunkte für diese retrogade Metamorphose der vielkernigen Gebilde zu bringen das Stadium des 18. Tages zu betrachten.

Alle Autoren, die diese Zellen als **Fremdkörperriesen-**
vide Fig. 7 **zellen**, als **ausschaltende** Zellen beschreiben, finden sie um diese Zeit noch nicht in der Involutionsperiode, wir können aber in diesem Zeitpunkt bemerken, dass die Involution angefangen hat; hier haben diese Zellen, deren Häufigkeit übrigens gegen früher bedeutend in den Rückgrund getreten ist, eine bedeutende Einbusse in jeder Hinsicht erlitten; sie sind nicht mehr so vielkernig, ihre Struktur wird immer einfacher, kurz, sie schicken sich an, den Uebergang in einfache Fibroblasten zu vollziehen und hiedurch schliesslich ein nicht geringes Contingent zur Bildung der fibrillären Zwischensubstanz zu liefern. Und wir sehen ja auch thatsächlich, dass sich der bindegewebige Uebergang schon an vielen Stellen vollzogen hat; **das Bindegewebe ist definitiv in die Membran hineingewachsen.**

Nachdem nun aus diesen bisher angeführten Daten wohl ohne Zweifel erhellt, dass die Schalenhaut eine Inosculation des thierischen Gewebes in sie hinein erlaubt, also eine Verwachsung eintreten kann, war es von höchstem Interesse und für die zukünftige event. vitale Funktion des implantirten Körpers absolut nothwendig, zu untersuchen, wie er sich der Gefässbahn gegenüber verhalte.

Es war aus der Art der Weiterentwickelung des bindegewebigen Theiles wahrscheinlich, ja unerlässlich, dass sich schon Gefässschlingen gebildet hatten, die den Lebenskonnex der beiden Schichten erhalten mussten. Es wurde desshalb, um jeden Zweifel vorzubeugen, der Weg gewählt, auf dem es sich entscheiden musste, ob die Membran mit ihren jetzigen Mutterboden durch Gefässe zusammenhänge und somit von ihr ernährt werde, der Weg der direkten Injektion der Blutbahn durch farbige Leinmassen.

Davon konnte man aber blos Erfolg erwarten, wenn man eine ziemlich lange Zeitspanne bis zur Ausführung verstreichen liess, da das Gelingen erst eintreten kann von dem Zeitpunkte ab, indem sich die Gefässsprossen in wirkliche hohle, blutführende Räume umgewandelt haben, deren Wandungen dem relativ starken Injektionsdrucke ohne Gefahr der ja schon bei minimalen Ueberdruck so ausserordentlich leicht eintretenden (und damit das ganze Experiment vernichtenden) Rupturirung genügend widerstandsfähig sich zeigen konnten. Dieser Zeitpunkt war in dem Experimente ungefähr zutreffend.

Durch das glückliche Ausfallen dieses Versuches sind wir wir nun in die Lage gesetzt, den striktesten Beweis anzutreten.

Das nicht zur direkten Umgebung der Membran gehörige Gewebe hat sich jetzt zu vollständig fertigem Bindegewebe umgewandelt, das nur spärlich mehr Gefässe enthält, desto zahlreicher finden wir neugebildete Gefässe in der eigentlich perimembranären Zone, die längs der ganzen Schalenseite in in die Membran ohne Grenze übergeht.

Eigenthümlich ist hier das Verhalten der Leukocyten, indem sie sich oft längs des Verlaufes der Gefässe, zu beiden Seiten derselben, etabliren. Es muss da offenbar ein Zusammenhang zwischen ihnen und den Gefässen bestehen und wir dürfen vielleicht annehmen, dass sie bei der Bildung der Gefässwand, bei der nothwendigen Umwandlung eines Theiles der Capillaren in Arterien oder Venen in Action zu treten haben, resp. getreten sind.

Die Gefässentwicklung selbst hat in einer Art stattgefunden, dass sich wohl kein Zweifel hegen lässt über die Wirklichkeit derselben. Ziehen sich ja doch die Gefässbogen sichtbar nicht blos entlang des oberen Randes, nein, sie durchbrechen die periphere Parthie, senken sich in die Membran ein und bilden deutliche, allerdings oft haarfeine

Fig. 8

anastomotische Ramificationen bis in die Mitte derselben.

Um Artefakte kann es sich hier nicht handeln, sonst könnten wir das direkte Uebertreten in die Haut nicht wahrnehmen. Auch hätte, um das überhaupt zu Stande bringen zu können, ein bedeutender Ueberdruck während der Injektion stattfinden müssen, und da wäre es eben, ehe sich die zarten Stämmchen in die Membran gefällt hätten, einfach zur Extravadirung gekommen.

Wir können also mit vollem Rechte behaupten, dass die Schalenseite der Membran, aber auch blos sie, durch Gefässbahnen in nutritivem Zusammenhange steht, sie ist angewachsen und vaskularisirt, während die Eiweissseite keines dieser Verhältnisse zeigt.

Wir wissen nun aus dem Zusammenfassen der Erfolge der Versuche, dass die Schalenhaut ein organisationsfähiger Körper ist und es wäre somit der Zweck der Experimente, den Beweis hiefür zu liefern, erreicht. Trotzdem musste es von Interesse sein, zu erfahren, wie sich die eingeheilte Membran dem Körper gegenüber weiter verhalten möge.

Darüber gibt uns das letzte Experiment wenigstens annähernden Aufschluss. Wir finden am 56. Tage, das characteristische Fasergewirre zwar noch unverkennbar, jedoch zeigt die diesmal nach unten, d. h. mit der Schalenseite implantirte
Fig. 9 Membran ein solches Uebergehen der Faserzüge in die des periostalen Ueberzuges, dass es keinem Zweifel unterliegen kann, die periphere Zone der Schalenseite habe begonnen von Bindegewebe durchwachsen zu werden.

Demnach ist wohl auch das künftige Schicksal der implantirten Membran ein ziemlich klar offenkundiges: Sie hört nach Ablauf eines bestimmten, allerdings relativ langen Zeitraumes auf ihren Eigen-Charakter zu bewahren; sie wird vom Körper consumirt und zwar derart, dass an ihrer Stelle schliesslich eine bindegewebige Schichte substituirt wird.

Im Gegensatz zu dieser Organisationsmöglichkeit der Schalenseite zieht sich durch alle Versuche das Verhalten der Eiweissseite: vom Anfange an bis in das letzte Stadium können wir genau verfolgen, dass sie sich dem Körper gegenüber als

Fremdling zeigt, der durchaus keine Tendenz, weder zur primären, noch zur sekundären Inosculation kundgibt und somit die früher aufgestellte These, dass eine Verwachsung sich blos einstellen kann, wenn der Membran ihre physikalisch-physiologischen Vorbedingungen erfüllt werden, in vollem Umfange bewahrheitet.

Finden wir ja doch noch in den letzten Versuchen, dass zu der Zeit, wo die Schalenseite längst durch Gefässbahnen schon verbunden ist, eine deutliche unverkennbare Zwischenlagerung jener amorphen Schichte, deren letzte Reste sogar noch wahrzunehmen sind am 56. Tage, an dem schon die bindegewebige Umwandlung der Ersteren begonnen hat.

Hätte überhaupt auch nur jemals eine etwas innigere Agglutination sich eingestellt, so hätte diese nekrotische Fibrinschicht nie in der Art zum Ausdruck gelangen können.

Endschlussfolgerungen.

An der Hand der Gesammtresultate dieser drei Versuchsreihen können wir als wohlbegründete Schlusssätze aussprechen:

Dass die frische Schalenhaut des Hühnereies ein Material bietet, welches zu Transplantationen mit vollem Erfolge verwendet werden kann, indem es allen Anforderungen, die an einen Körper, der auf einem ihm bisher nicht verwandten Nährboden an- oder einheilen soll, in jeder Weise entspricht. Sie ist vollkommen organisationsfähig, aber sie ist wie bereits früher bemerkt wurde, ein passiv transplantabler Körper, der zur Anheilung ausser den günstigen in seiner Struktur theilweise gelegenen Vorbedingungen aus eigener Initiative nichts beitragen kann.

Des weiteren ist durch die Experimente erhärtet, dass die Membran blos nach einer Seite hin zu verwenden ist; es ist diese Seite die gegen die Kalkschale des Eies zugewandte

Fläche: die Schalenseite; sie enthält alle für ein gutes Transplantationsmaterial nothwendigen Eigenschaften und erfüllt die Bedingungen der Organisation auf das exakteste. — Die Verbindung ist keine blosse Agglutination, das umgebende Gewebe betheiligt sich derart an dem Prozesse, dass es nach Einwanderung von Leukocyten in die Membran, erst zu einer An-, dann zu einer Einlagerung kommt. Das Gewebe geht direkt in die Schalenhaut über, wir haben eine Inosculation des thierischen Gewebes in die Fasern der Schalenhaut, eine innige Verschmelzung beider Gewebe in ein untrennbares Ganzes, deren zeitlicher Höhepunkt ausgedrückt ist durch das Auftreten von Gefässen.

Wenn diese Vaskularisation an allen Punkten der Schalenseite eine gleichmässig gut entwickelte ist, wird die Membran anfangen, in ihrer Eigenart nicht mehr weiter zu existiren, sie wird beginnen zu Bindegewebe zu werden, und dem Grade dieser Mehrentwickelung der Bindesubstanz in die Membran hinein entsprechend, wird die Gefässbildung dann für die Ernährung des fertigen Gewebes nöthigen Typus innehalten, sie wird sich, wie das ja immer zu geschehen pflegt, vermindern.

Das Verhalten der Eiweissseite ist zur Genüge erläutert worden, so dass wir das Endresultat als abgeschlossen betrachten können.

Es erübrigt nun schliesslich noch einen kurzen Blick auf die Verwerthung bei therapeutischen Massnahmen zu werfen.
1) Die frische Schalenhaut des Hühnereies kann bei Befolgung der angeführten Maximen in der chirurgischen Praxis in derselben Weise mit Erfolg angewandt werden, wie jedes andere Transplantationsmaterial, wobei es in Bezug auf relativ leichte Beschaffbarkeit, auf Traktabilität und Promptheit der Organisirung manche Vortheile gewähren dürfte. Sie möchte desshalb zu

empfehlen sein bei granulirenden Wunden jeder Art, besonders bei Brandwunden in denen die Transplantation wegen der Grösse der Fläche oder Mangels einer ordentlichen Epithelbildung indicirt ist. Ueberall wo Epidermislamellen zu diesem Zwecke genommen werden, wenn es sich darum handelt, viele kleine einzelne Epithelzonen behufs Uebernarbung möglichst schonend hervorzurufen.

2) In der otiatrischen Therapeutik, die ja den Anlass zur Untersuchung gegeben hatte, ist sie als ein Mittel, durch welches der endgiltige definitive Verschluss der Paukenhöhle in Folge wirklicher Organisirung herbeigeführt werden kann, bei kleineren oder mittelgrossen, trockenen persistenten Lücken nach vorausgeschickter Anfrischung nur zu empfehlen. Ja, sie ist vielen anderen angewandten Encheiresen wohl meist vorzuziehen, da sie sich in der richtigen Weise behandelt, nie als Fremdkörper verhalten wird.

Sie bietet neben ihrer z. B. im Vergleich mit der menschlichen Cutis ausserordentlichen Traktabilität den Vortheil, dass durch ihr Einheilen in die Trommelfellsubstanz und durch ihre schliessliche bindegewebige Metamorphose gerade die Schichte in der Trommelfellnarbe hauptsächlich zur Wiederbildung gelangt, die bei dem Destruktionsprozesse konsumirt worden war, und welche bei der spontanen Heilung sich nie mehr in ihrem ganzen Umfange regenerirt.

Es muss also die Bindegewebsentartung als eine für die künftige physiologische Funktion des so reparirten Trommelfelles nur günstiger Faktor angesehen werden, der noch verbunden mit der beinahe konstanten Hörverbesserung alle Bedingungen zu erfüllen vermag, die man an eine wirklich gelungene Transplantation auf das Trommelfell stellen kann nach Recht und Billigkeit.

Nachtrag zu Seite 8.

Nicht unbeachtet möchte ich lassen die ausserordentlich schöne und sorgfältige Arbeit von Felix Marchand[1]: „Untersuchungen über die Einheilung von Fremdkörpern, Jena 1888."

Dieser Autor wählte zu seinen Versuchen hauptsächlich die porösen Schwammstückchen, ferner gehärtete Stückchen menschlicher Lunge, zum Theile mit blauer Leimmasse injicirt; auch Hollundermark wurde des öfteren genommen. Die Dauer der Versuche währte von $4^1/_2$ Stunden bis zu 56 Tagen.

Diesen Experimenten lag weniger der Zweck zu Grunde die Organisirungsmöglichkeit dieser Körper nachzuweisen, als vielmehr das Bestreben, aus dem jeweiligen Verhalten der Zellen einen Schluss ziehen zu können auf den Modus ihrer Betheiligung bei der entzündlichen Gewebeneubildung.

Er unterzog besonders die Leukocyten, ferner die Zellen des jungen Bindegewebes, welche er, sehr vorsichtig, nichts präjudicirend, als Granulationszellen bezeichnet, dann die Gefässe und die Riesenzellen einer ausserordentlich exacten, subtilen Untersuchung.

Die Resultate dieser Untersuchung möchte ich bei der späteren Weiterverfolgung meiner Experimente über das Einheilen der Schalenhaut, nachdem die Präparate, deren ich jetzt schon über 1000 habe, noch mit den diesbezüglichen speziellen Methoden behandelt worden, gerne einer Arbeit zu Grunde legen, die gerade den Zweck haben soll, einen Beitrag zur entzündlichen Gewebeneubildung vom theoretischen Standpunkte aus zu liefern. — Dies auch der Grund, weshalb die Schrift als Nachtrag angeführt ist.

---

[1] In Ziegler und Nauwerck, Beiträge zur pathologischen Anatomie, Band IV, Heft I.

Erklärung der Abbildungen.

Die Zeichnungen sind mit Ausnahme zweier (Nr. 5 u. 6) sämmtlich bei starker Vergrösserung gezeichnet mit Hartnack $\frac{Oc. II}{Obj. 8.09}$; Nr. 5 u. 6 mit Merz (starke Vergrösserung).

Fig. 1. Nicht implantirte Schalenhaut. (S = Schalenseite; E = Eiweissseite mit völlig glattem Rande. c = eigenthümliches Convergiren der Fasern auf der Schalenseite, überhaupt stärkere Entwickelung der gegen die Schalenseite zu liegenden Schichte, so dass die Eiweissseite die an Substanz ärmere Zone bildet. —

Fig. 2. Parthie aus dem 5. Tage: S = Schalenseite; m = embryonal. Schleimgewebe. c = eingewanderte Zellen (Leukocyten).

Fig. 3. Parthie aus dem 8. Tage. S = Schalenseite; E = Eiweissseite; n = necrotische Fibrinschichte; e = Wanderzellen; m = embryonales Schleimgewebe.

Parthieen aus dem 10.—12. Tage:

Fig. 4. Vielkernige epithelioide Bildungszellen (o) auf der Schalenseite (s) in Verbindung stehend mit den zunächst liegenden Fibroblasten. g = granulationsgewebeähnliche Schichte.

Fig. 5. Fremdkörperriesenzelle auf der Eiweissseite (r); l = kleine leukocytenähnliche Zellen; a = grosse mehrkernige runde Zellen; S = Schalenseite mit anliegenden Bildungszellen.

Fig. 6. Keulenförmige 2kernige Bildungszelle in einer Faser der Schalenhautseite sitzend, durch Fortsätze mit den Nachbarzellen verbunden. (Bildungszelle im Stadium der Sprossung).

Fig. 7. Parthie aus dem 18. Tage: Totale Verwachsung der Schalenseite bei definitiver Entwickelung des jungen Gewebes. Rückbildung der mehrkernigen Bildungszellen. — Absolutes Freibleiben der Eiweissseite. — Eigenthümliche körnige Anordnung in der Membran.

Fig. 8. Parthie aus dem 42. Tage: Gefässbildung in der Membran. — Auf der Eiweissseite noch eine Lage necrotischen Fibrins (n) mit grösseren Zellen. g = Gefässe, a = Anastomosen in der Membran. —

Fig. 9. Parthie aus dem 56. Tage: Beginnende bindegewebige Metamorphose der kolossal verbreiterten Membran vom Pericranium (p) aus; auf der Eiweissseite (e) ist noch die Fibrinschichte (n) in schmaler Anordnung zu sehen. — Ausserdem körniger Detritus (k).

Litteratur.

Ich erlaube mir anbei einen kurzen Ueberblick über die hauptsächlichsten Arbeiten auf dem Gebiete der Trans- und Implantation sowie über pathologische Gewebebildung anzufügen, obwohl sie bei dieser Schrift keine eigentliche Verwendung finden konnten.

Beverdin, Soc. d. chir. 13. Dec. 18 Bgn. Gazette des hopit. 1870—71. Compt. rend. 1881. LXXIII S. 1210.
Heiberg, Medic. Centralblatt 1872 Nr. 12.
Czerny, „ „ 1871 Nr. 17.
van Dooremal, Graefes Archiv. Bd. XIX, Abth. III, S. 359.
Goldzieher, Arch. f. exper. Patholog. II. S. 387.
Schweningor Zeitschrift f. Biologie XI 341 und Centralblatt f. med. Wissenschaft 1881 Nr. 10.
Zieloneho, Medic. Centralbl. 1873 Nr. 56.
Cohnheim u. Maas, Virch. Arch. Bd. LXX. 101.
Zahn, Sur le sort des tissus implantés dans l'organisme. Congr. medic. de Genève 1878. S. 660.
Leopold, Virch. Arch. Bd. 85. 1881.
Fischer, deutsche Zeitschrift f. Chirurgie XVII. S. 61.
Hallwachs, Arch. f. klin. Chir. XXIV. H. 1.
Tillmanns, Chirurg. Centralbl. 1879 Nr. 46 und
— Virch. Arch. 1879 Bd. 78. S. 460.
Spiegelberg und Waldeyer Virch. Arch. 1868 Bd. 44 S. 70.
Rosenberger, Chirurg. Centralbl. 1880 Nr 20. Beilage S. i.
Senftleben, Virch. Arch. 1879. Bd. 71 u. 72.
Ollier, Traité exper. et clin. de la regeneration des os. 1867.
Recklinghausen, Deutsche Chirurgie. Lief. 2 u. 3.
— Virch. Arch. 1865 Bd. 28.
Thiersch, Langenbecks Archiv XVII 1874.
Arnold, Virch. Arch. Bd. 2.
Jacobson, Virch. Arch. Bd. 65.
Brodowsky, Virch. Arch. Bd. 63.
Lang, Vierteljahrsschr. f. Derm. u. Syph. 1874.
Rindfleisch, Patholog. Gewebelehre.
Perls, Handbuch d. allg. Patholog. I. 1887.
Klebs, Arch. f. exper. Pathologie III.
Ziegler, Ueber patholog. Bindegewebe u. Gefässneubildung.
Eversbusch, Münch. medic. Wochenschrift 1886.
Langhans, Virch. Arch. 42 u. 49 S. 101.
Heidenhain, Ueber die Versetzung fremder Körper in die Bauchhöhle Breslau 1872.
Rusticky, Virch. Arch. 59.
Aufrecht, Centralblatt med. Wissenschaft. 1877.
Marchand, Virch. Arch. 1883. Bd. 93.
Weiss, Virch. Arch. Bd. 68. S. 59—65.
Plossing, Arch. f. klin. Chirurg. Bd. 37. Heft I.

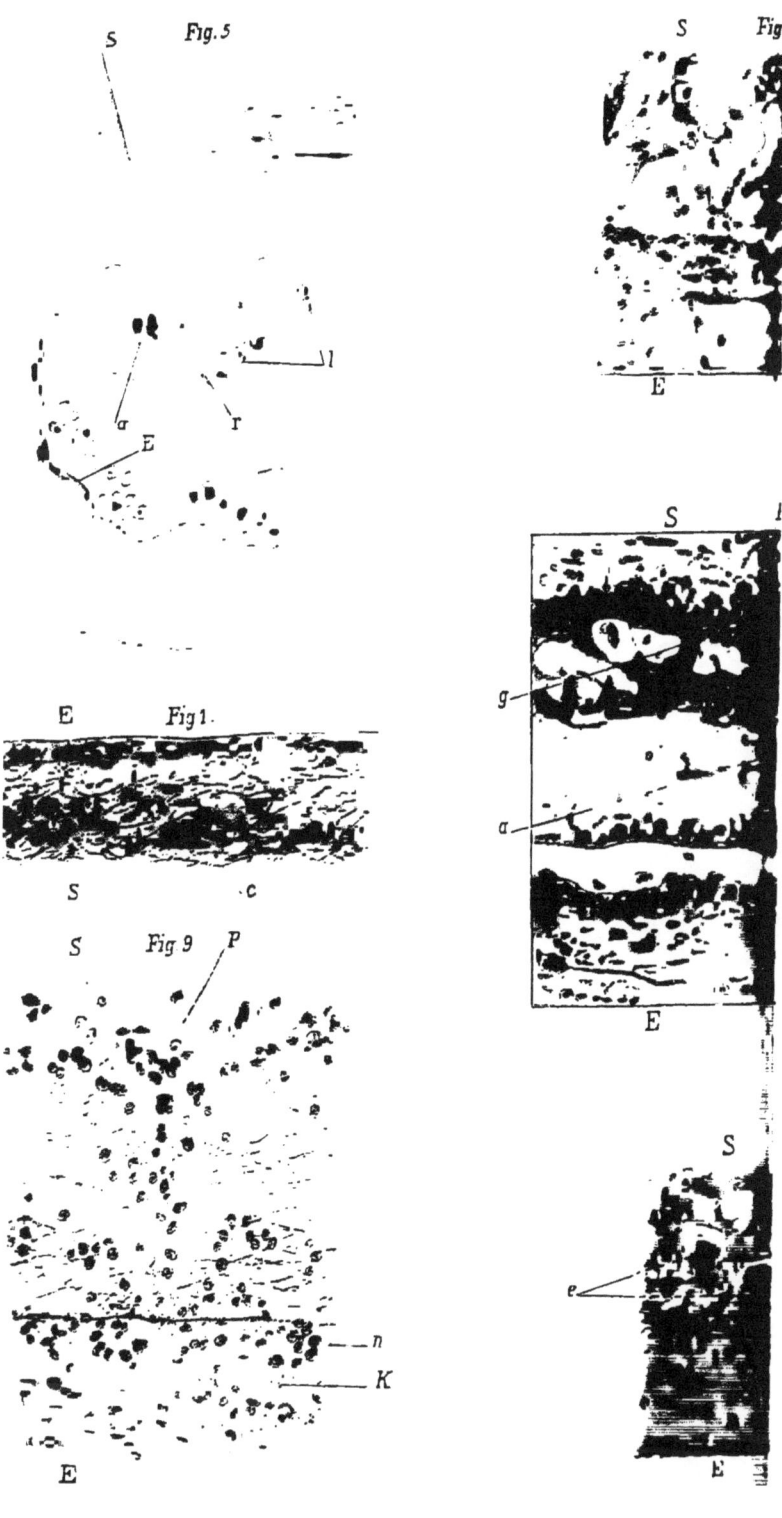

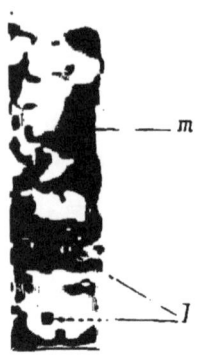

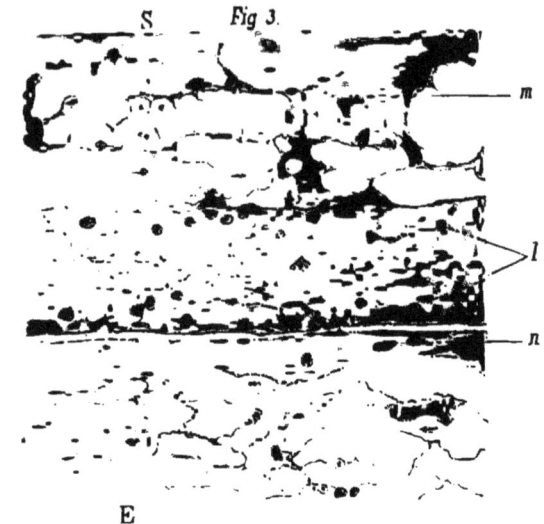

Fig. 3.

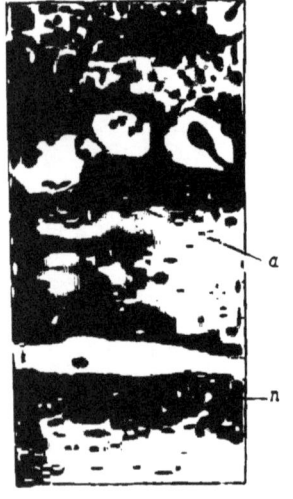

Fig. 6.

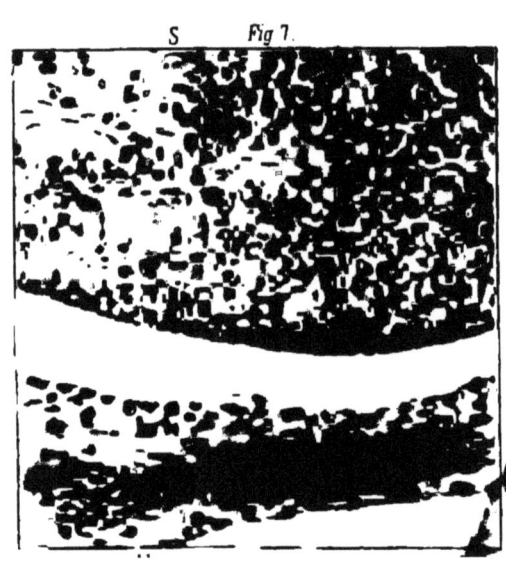

Fig. 7.

Verlag der M. RIEGER'schen Univ.-Buchhandlung (Gustav Himmer) in München.

Instruktion für das Verfahren der Aerzte
bei den
gerichtlichen Untersuchungen menschlicher Leichen
im Königreich Bayern.

Amtliche Taschen-Ausgabe. cart. Preis ℳ 1.—.

Künstliche Harnwege.

1. Temporäre Drainage zur Bildung eines künstlichen Harnleiters.
2. Temporäre Drainage zur Bildung einer künstlichen Harnröhre.

Zwei kleine Mittheilungen
von
Geheimrath **Dr. J. N. Ritter von Nussbaum.**

Preis ℳ 1.20.

Anleitung zur antiseptischen Wundbehandlung.
Von Geheimrath **Dr. J. N. Ritter von Nussbaum.**
2. Auflage 1885. Taschen-Format. cart. Preis ℳ —.50.

Leitfaden der
Klinischen Untersuchungs-Methoden
des Auges

(als 2. Aufl. der „Kurzen Anleitung zu den gebräuchlichsten Untersuchungs-Methoden des Auges", von Prof. Dr. Eversbusch in Erlangen)
bearbeitet für Studirende der Veterinär-Medicin und prakt. Thierärzte
von
K. W. Schlampp,
Docent für Augenheilkunde an der kgl. Thierarzneischule in München.
Mit 19 Abbildungen und 1 Lichtdrucktafel. Gebunden. Preis ℳ 3.—.

Anleitung zu hygienischen Untersuchungen
nach den im hygienischen Institut München üblichen Methoden
zusammengestellt
von **Rudolf Emmerich** und **Heinrich Trillich.**
Mit einem Vorwort
von **Dr. Max von Pettenkofer.**
20 Bogen. Mit 73 Abbildungen. In Leinenband. Preis ℳ 6.75.

Verlag der M. RIEGER'schen Univ.-Buchhandlung (Gustav Himmer) in München.

Ueber die Bedeutung präcipitirter Geburten
für die Aetiologie des Puerperalfiebers.
Von Geheim. Medizinalrath Professor **Dr. Fr. Winckel.**
In 4°. Preis ℳ 6.—.

Ueber Volkskrankheiten.
Von Geheimrath **Dr. Hugo von Ziemssen.**
23 Seiten mit 1 Tafel.
Preis ℳ —50.

Zur Aetiologie der Tuberculose.
Von Obermedicinalrath Professor **Dr. O. Bollinger.**
Preis ℳ —.80.

Epithel und Drüsen
des menschlichen Magens.
Von Professor **Dr. Kupffer.**
Mit 2 Tafeln. Preis ℳ 3.—.

Ueber die
Ursachen der Fettablagerung im Thierkörper.
Von Professor **Dr. C. von Voit.**
3. Auflage. Preis ℳ 1.—.

Zur Anatomie der Prostata, des Uterus masculinus und der Ductus ejaculatorii
beim Menschen.
Von Professor **Dr. N. Rüdinger.**
Mit 3 Farbentafeln. Preis ℳ 3.60.

Zur Behandlung der Eklampsia infantum.
Von **Dr. A. Wertheimber** in München.
Preis ℳ 1.—.

Experimentelle Untersuchungen
über
Schädelbrüche
von
Dr. Otto Messerer,
k. Landgerichtsarzt und Privatdozent.
Mit 8 lith. Tafeln. Preis ℳ 3.—

Zur pathologischen Anatomie der Bleilähmung.
Von **Dr. J. N. Oeller,** Privatdocent in München.
Mit 1 Farbentafel. ℳ 2.40.